肉鹅高效益养殖技术

编著者

谢　庄　李齐发　李学斌

黄治国　潘增祥　苏胜彦

郓建伟

U0271769

金盾出版社

内 容 提 要

本书由南京农业大学谢庄教授等编著。内容包括:养鹅的经济意义和我国养鹅概况,肉鹅的主要品种,肉鹅的经济杂交,肉鹅的营养与饲料,种草养鹅,鹅的孵化,肉鹅的饲养管理,肉鹅常见疾病的防治,肉用鹅场的建设。本书较系统全面地介绍了国内外肉鹅生产的先进技术和成功经验,内容丰富,科学实用,通俗简练。适合养鹅户、鹅场工作人员和农业院校有关专业师生阅读参考。

图书在版编目(CIP)数据

肉鹅高效益养殖技术/谢　庄等编著．—北京:金盾出版社,2006.12

ISBN 978-7-5082-4270-5

Ⅰ.肉…　Ⅱ.谢…　Ⅲ.肉用型-鹅-饲养管理　Ⅳ.S835

中国版本图书馆 CIP 数据核字(2006)第 107413 号

金盾出版社出版、总发行

北京太平路 5 号(地铁万寿路站往南)
邮政编码:100036　电话:68214039　83219215
传真:68276683　网址:www.jdcbs.cn
封面印刷:北京 2207 工厂
正文印刷:北京金星剑印刷有限公司
装订:桃园装订厂
各地新华书店经销
开本:787×1092 1/32　印张:7.75　字数:171 千字
2012 年 3 月第 1 版第 6 次印刷
印数:54 001～60 000 册　定价:15.00 元

(凡购买金盾出版社的图书,如有缺页、
倒页、脱页者,本社发行部负责调换)

目　录

第一章　养鹅的经济意义
和我国养鹅概况

第一节　养鹅的经济意义

　　鹅是人类饲养的以草为主要饲料的家禽,商品肉鹅及产蛋前的种鹅以食草为主,适当补饲一些精料。所以,养鹅所花费的饲料成本比养鸡及养鸭要少得多。在我国江南农村,养鹅一般以放牧为主,除了育雏期间需要一些房舍及供暖设备外,放牧的商品仔鹅及成年种鹅一般都可以露宿在外,随放牧地的转移而变换露宿地点。种鹅在产蛋期需要相对固定的养殖场地,但种鹅的鹅舍一般都比较简陋,只要能遮挡风雨就可以了。因而养鹅的基本建设和养鹅的设备花费不多。鹅的生命力比较强,适应性广,抗病能力很强,鹅的疾病比较少,用鹅来进行无公害食品、绿色食品或有机食品的生产,要比其他家畜、家禽容易得多。

　　以放牧为主的鹅,一般从出孵到上市,仅需 60～85 天,鹅的活重即可达到 2.5～4 千克,精料与活重的比例仅为 1～1.7：1。即使关棚饲养,以喂料为主,料肉比也仅为 2～2.5：1。而猪的精料与活重比例一般为 3～3.5：1,即饲养 1 头上市体重达 90 千克的生猪,需耗料 320～360 千克,时间需 180～200 天。从这里可以看出,养鹅的经济效益要比养猪高。

饲养肉用鹅,以产鹅肉为主。鹅肉营养丰富,鲜嫩味美。鹅的其他部位,如鹅掌、鹅翅、鹅头、鹅肫等都可以加工成味道鲜美的休闲食品;鹅血别具风味,加工成的血豆腐细腻滑嫩,是南京人独特的风味小吃;鹅胆、鹅肫皮是很好的中药材。鹅肥肝在世界公认的三大美味食品中被推为首位(其余两味美味是松茸和鱼子酱),在国际市场上很是走俏。经人工填饲的鹅肥肝质地细腻,营养丰富,含有大量对人体有益的不饱和脂肪酸和多种维生素。在国内,越来越多的人也开始消费起鹅肥肝来了。鹅产的羽绒是非常好的保暖防寒材料,是十多年来一直畅销的羽绒制品的主要原料,如羽绒衣、羽绒裤、羽绒被子等。随着人们生活水平的不断提高,市场上所开发的羽绒制品也越来越多。采用人工活拔羽绒的办法,1 只鹅 1 年可拔毛 3～4 次,得毛绒 0.4～0.8 千克,其经济价值是很高的。

鹅群放牧以草为主要饲料,仅早晚补一些精料。春末初夏或秋季放牧育肥时,可以充分利用已收割的麦茬地、稻茬地让鹅群啄食遗落在田间的麦粒、谷粒,这样既减少了粮食的浪费,又节省了养鹅的饲料。鹅对田边、河边、路边以及荒山草滩等地方杂草的利用率非常高。一些无法利用或暂时不能被利用的草地、草滩、荒坡、河滩等都可以用来养鹅。在这些地方放牧鹅群,饲草一般不会受到污染,因此鹅肉是最安全的食品之一。

第二节　我国养鹅概况

我国是养鹅最早的国家之一。据考古发掘证明,早在6 000 多年以前的新石器时代,我国就已开始养鹅。我国许多有关农事和科技的古书籍中都提到了驯鹅、养鹅、鹅的选种、鹅的繁殖、鹅的管理、鹅产品的加工和流通等方面的内容。中国的古诗文和典故中也有大量关于鹅的作品。这一切都说明中国古代养鹅业的兴旺,也说明中国人历来就对鹅有很浓厚的感情和兴趣。

改革开放以来,我国养鹅业有了迅猛的发展。全国鹅的养殖量成倍地增长。我国鹅的养殖量和消费量也一直处在世界的首位。目前我国的养鹅业有以下特点。

一是科学技术在养鹅业中的地位越来越重要。在农业部的领导和协调下,全国有关部门通力合作,于1989年出版了《中国家禽品种志》,基本厘清了全国包括鹅在内的优良家禽品种;全国各地开展了鹅品种的选育、引进、杂交、改良、育种等工作,先后培育出一批鹅的新品种,筛选了一批生产性能优良的杂交组合,从国外引进了一批优良的鹅品种,用于杂交改良我国本地鹅种,或用于鹅肥肝的生产;许多单位进行了鹅肥肝的研究和生产,目前鹅肥肝的生产水平已有了很大的提高,并开始外销;20世纪80年代开始的活拔鹅毛技术的推广,取得了明显的效益;鹅病的防治工作也有了突破性的进展,特别是对养鹅业有着致命威胁的小鹅瘟的发现、病毒分离和诊断,小鹅瘟血清和小鹅瘟疫苗的研制和生产;鹅的人工授精技术也得到了推广和应用。

二是养鹅与荒坡滩涂的开发相结合。南京农业大学动物科技学院在江苏省北部地区进行养鹅增收的试验和推广工作,每年都有数十户农户从中尝到甜头。从养鹅起家,走上富裕之路的也大有人在。许多地方都有无法种植粮食和季节作物的草滩、荒坡、滩涂,特别是海滩、江滩、河滩、湖滩等,这些荒滩、草坡都可以放牧鹅群或种草养鹅。连云港市一家养鹅公司利用季节性过水河流发动周围农户发展养鹅生产,取得了很好的经济效益和社会效益。

三是饲养规模的扩大和饲养方式的改变。多少年来,养鹅一直是农民的家庭副业,以放牧为主,饲养规模一般为200～300只。但近年来,养鹅的规模越来越大,出现了许多规模很大的养鹅专业户。同时,养鹅已不仅仅是农户的事,很多企业也开始加入了养鹅的行列。这些规模养鹅专业户和养鹅公司已不再局限于放牧,而是改变了饲养方式,变放牧为半放牧半舍饲乃至全舍饲的饲养方式。舍饲的好处是减轻了养鹅人员的劳动强度,减少了不必要的损失,扩大了养殖规模,便于管理。特别是许多养鹅公司,往往是实行一条龙的养殖模式,从育种、种鹅、孵化、饲料、屠宰、加工,直至鹅产品销售,实行一体化生产和管理。为了配合舍饲,实施人工种草。利用农田种草,草的产量比较高,质量也比较好,也使种植业由二元结构(粮食作物、经济作物)调整为三元结构(粮食作物、经济作物和饲料作物)。

四是养鹅业已进入工业化生产的时代。鹅的配合饲料的生产和应用是其中最典型的一个例子。以往人们都是用原粮如稻谷、麦粒、玉米等直接给鹅补料,用这些原粮喂鹅,由于其养分不全,会造成很大的浪费。随着鹅饲养标准的制定、修改和实施,越来越多的饲料生产厂家开始研制和生产鹅的配合饲料,越来越多的养殖户也开始使用配合饲料来养鹅。鹅的养殖方式也开始朝工业化生产的方向发展,在舍饲的基础上,人们开始了笼养和网上养殖。鹅的笼养和网上养殖,一方面节约了场地和空间,更重要的是有利于卫生防疫,便于生产管理。

五是社会化生产。鹅的社会化生产主要体现在养鹅业早已不是一家一户的小事，而是规模比较大的、牵动多个部门和公司共同进行生产的一个相对独立的行业。首先是许多地方的政府重视养鹅业的发展，由政府部门来组织和协调养鹅业生产；其次是一些大公司参与了养鹅业生产，这些公司利用自身的资金优势、技术优势、管理优势和销售优势，发展鹅的育种、新品种鹅的引进、鹅的孵化、组织饲料生产、安排周边农户进行商品鹅的养殖，活鹅的收购，鹅产品的深加工，直至利用自己的销售渠道进行宣传、销售，将鹅产品打入市场，这些工作都不是一家一户农户所能做到的。同时，养鹅的效率也越来越高。人们对食品安全的要求也已越来越多地体现在鹅的生产上，因而鹅的生产厂家也越来越重视鹅的安全生产。

六是鹅产品的加工越来越深入，越来越综合化。以往人们对鹅的消费仅是以鹅肉为主。其实鹅全身都是宝，对鹅进行综合利用可以大幅度地增值。除了鹅肉可以进行卤制加工外，鹅的内脏、鹅血可以提炼对人的保健起很大作用的药品；羽绒产品还在继续开发；鹅皮的加工和开发也越来越受到人们的高度重视，鹅绒裘皮加工工艺的成熟已使得鹅皮制品即将走上市场。

第二章　肉鹅的主要品种

第一节　鹅的分类

　　我国是世界上家鹅品种最多、驯养历史最悠久的国家之一。据史料记载,养鹅从初时的观赏、警用等,逐渐发展成现代的以肉用为主。1 600多年以前的晋朝,大书法家王羲之在其居地会稽、剡县(今浙江省的绍兴市和奉化市)等地养鹅。晋书《王羲之传》中提到:"山阴有一道士,好养鹅。羲之往观焉,悦,因求市之。道士云,为写道德经,当举群相赠耳。羲之欣然,写毕,笼鹅而归,甚以为乐"。元代陈子翚的诗"一曲溪从古剡分,溪边朝食晋将军,砚埋尘土鹅群少,六朝空山自白云"也提及了王羲之养鹅的故事。之后的很多地方志中都有养鹅的记载,《嘉靖奉化县志》中载有该县在明永乐年间要上交朝廷鹅翎17 549根,表明当时养鹅已形成规模。随着社会的需要和地理环境的影响,全国形成了大量的具有独特性状的鹅地方品种,这对现在我国新的养鹅高潮的掀起提供了良种保障。

　　现代人养鹅的目的,观赏与警用已降到次要地位,主要是为了获得多而好的鹅肉、蛋、肥肝、羽绒等鹅产品。所以在不同的生态环境和一定的社会经济条件下形成了鹅的品种类型,并根据生产发展方向和品种利用目的,从不同角度对鹅的品种进行分类。目前一般从地理特性、经济用途、体型、产蛋性能、羽色等方面对鹅进行分类。

一、按地理特征分类

以往鹅的品种多从地理环境的分布进行分类,如中国鹅、法国图鲁兹鹅、英国埃姆登鹅、埃及鹅、加拿大鹅、东南欧鹅、德国鹅等。这仅是世界上部分国家鹅种中的一些代表品种,其性状具有一定的代表性。中国鹅就包括众多的地方品种,各品种均有自身的特点,但也有很多相似性状。

二、按经济用途分类

随着人们对鹅产品的需求不同,选育产生了一些优秀的鹅专用品种。如用于肥肝生产的专用品种,国内有广东的狮头鹅、湖南的溆浦鹅;国外有法国的图鲁兹鹅、朗德鹅,匈牙利的玛加尔鹅,意大利的奥拉斯鹅等。用于生产肉用仔鹅的品种,国内著名的肉用中型鹅种有浙东白鹅、四川白鹅等;国外如意大利的奥拉斯鹅,德国的莱茵鹅等。意大利的奥拉斯鹅8周龄仔鹅活重4.5千克,料肉比为2.8～3:1;德国的莱茵鹅在适当的饲养条件下,8周龄活重可达4.2～4.3千克,料肉比为2.5～3:1,适于大型养鹅场大批生产肉用仔鹅。它们都具有生长速度快,料肉比高的特性。此外,还有产蛋率高的如我国的豁眼鹅、太湖鹅等品种。

三、按体型大小分类

这是目前最常用的分类方法。根据鹅的体重大小分为大型、中型、小型三类。小型品种鹅的成年公鹅体重为3.7～5千克,母鹅3.1～4千克,如我国的太湖鹅、乌鬃鹅、永康灰鹅、豁眼鹅、籽鹅等。中型品种鹅的成年公鹅体重为5.1～6.5千克,母鹅4.4～5.5千克,如我国的浙东白鹅、马岗鹅、皖西白鹅、溆浦鹅、四川白鹅、雁鹅、伊犁鹅,德国的莱茵鹅等。大型品种鹅的成年公鹅体重为 10～12 千克,母鹅 6～10 千克,如我国的狮头鹅,法国的图鲁兹鹅、朗德鹅等。

四、按羽毛颜色分类

中国鹅按羽毛颜色分为白鹅和灰鹅两大类。灰鹅如狮头鹅、雁鹅、乌鬃鹅、四川钢鹅;白鹅如太湖鹅、豁眼鹅、皖西白鹅、浙东白鹅、四川白鹅等。在我国北方以白鹅为主,南方灰、白品种均有,但白鹅多数带有灰斑,有的如溆浦鹅同一品种中存在灰鹅、白鹅两系。国外鹅种羽色较丰富,有白色、灰色、浅黄色、黑色、杂色等,但以灰鹅占多数,有的品种如丽佳鹅的雏鹅呈灰色,长大后逐渐转白色。

五、按产蛋性能的高低分类

不同品种鹅的产蛋性能差异很大,高产品种年产蛋量高达150 个,甚至 200 个,如豁眼鹅。中产品种,年产蛋 60～80 个,如太湖鹅、雁鹅、四川白鹅等。低产品种,年产蛋 25～40 个,如我国的狮头鹅、浙东白鹅等,法国的图鲁兹鹅、朗德鹅等。

六、按性成熟早晚分类

根据性成熟日龄可分早熟型、中熟型和晚熟型。小型鹅和部分中型鹅一般为早熟型,开产期在 130 日龄左右;部分中型鹅种为中熟型,开产期在 150～180 日龄;大型鹅种一般均为晚熟型,开产期在 200 日龄以上。

第二节　国内鹅的主要品种

一、小型鹅品种

（一）太湖鹅

1. 产地与分布　太湖鹅原产于江苏和浙江两省沿太湖的县、市，现遍布江苏、浙江和上海。在东北地区和河北、湖南、湖北、江西、安徽、广东、广西等地均有分布。太湖鹅具有体型小、生长快、产蛋多、成熟早、就巢性弱、肉质细嫩等优点。全国现有种鹅在 100 万只以上，是我国地方鹅种中群体数量最大的品种。在江浙一带饲养的目的主要是为了肉用仔鹅的商品化生产，因为太湖鹅产蛋多而集中，采用人工孵化能在春季提供大量鹅苗，生产的肉用仔鹅肉质好，而且在产地利用麦茬田放牧肥育，饲料消耗很低，经济效益好，所以很适合于大批量生产肉用仔鹅。

2. 外貌特征　太湖鹅具有体态高昂优美，羽毛紧密，结构紧凑等中国鹅的典型特征。太湖鹅体型较小，除眼梢、头颈、腰背部有少量灰褐色斑点外，全身羽毛洁白，体质细致紧凑。体态高昂，肉瘤姜黄色、发达、圆而光滑，颈细长、呈弓形，无肉垂，眼睑淡黄色，虹彩灰蓝色，喙、跖、蹼呈橘红色，爪白色。公、母鹅外表差异不大，公鹅常昂首挺胸展翅行走，叫声洪亮，喜追啄人；母鹅性情温驯，叫声低，头瘤稍小，喙稍短。

3. 生产性能

（1）产蛋与繁殖性能　太湖鹅性成熟较早，母鹅 160 日龄即可开产。1 个产蛋期（当年 9 月份至翌年 6 月份）每只母鹅平均产蛋量 60 个，高产鹅群可达 80～90 个，高产个体达 123

个,如果条件好,采用人工补光,产蛋量还可提高。第一个产蛋年为产蛋高峰年,以后逐年下降,一般利用年限为3年。平均蛋重135克。蛋壳色泽较一致,几乎全为白色。公、母鹅配种比例为1∶6～7。种蛋受精率可达90%以上,受精蛋孵化率可达85%以上,成活率70日龄达92%以上。就巢性弱,鹅群中约有10%的个体有就巢性,但就巢时间短。

(2)生长速度与产肉性能 太湖鹅雏鹅初生重为91.2克,70日龄放牧条件下体重达2.32千克,舍饲条件下体重达3.08千克。成年公鹅平均体重4.5千克,母鹅体重3.5千克,体斜长分别为30.4厘米和27.41厘米,龙骨长分别为16.6厘米和14厘米。成年公鹅的半净膛率和全净膛率分别为84.9%和75.6%,母鹅则分别为79.2%和68.8%。太湖鹅体质强壮,成熟早,觅食力强,耗料少,生长快,成活率高,肉质好,是生产肉用仔鹅的优良品种之一。太湖鹅因体型小,颈细长无咽袋,填饲较困难,肥肝生产性能差。经填饲,肥肝重251～313克,最大达638克。

(3)产羽绒性能 太湖鹅羽绒洁白,绒质较好,屠宰一次性产羽毛200～250克,含绒量为30%。

(二)豁眼鹅

1. 产地与分布 豁眼鹅因其上眼睑边缘后上方有一豁口而得名,为中国鹅的白羽小型品种变种。豁眼鹅产蛋率高,就巢性弱,耐寒性能强,冬季在-30℃无防寒设施条件下还能产蛋。产羽绒较多,含绒量高。原产于山东省莱阳市,因集中产区地处五龙河流域,故又名五龙鹅。历史上曾有大批山东移民移居关外时将这种鹅带往东北地区,因而东北三省现已是豁眼鹅的主要分布区。其中以辽宁省昌图县饲养最多,故又称昌图豁眼鹅;在吉林省通化市,又称其为疤拉眼鹅。近年来,此鹅在新疆、广西、内蒙古、福建、安徽、湖北等地均有分布。山东省莱阳市和辽宁省铁岭市建有原种场。

2. 外貌特征　豁眼鹅在体型外貌上具有中国鹅的品种特征。体型较小、紧凑,全身羽毛洁白。头较小,有肉瘤,颈较长、呈弓形,前躯高抬,体躯呈椭圆形,眼三角形,眼睑淡黄色,上眼睑有一个疤状缺口,即豁眼或疤拉眼,这是本品种最独特的外貌特征。少数颌下有咽袋,腹部偶有腹褶。喙、肉瘤、胫、蹼橘红色,虹彩蓝灰色。山东豁眼鹅颈较细长,腹褶较少,咽袋亦少;辽宁、吉林、黑龙江的豁眼鹅体型稍大,多有腹褶和咽袋。公鹅体型较短,呈椭圆形,有雄相。母鹅体型稍长,呈长方形。公鹅比母鹅体型稍大,有好斗性,叫声高亢而洪亮。母鹅性情温驯,叫声低沉而清脆。成年鹅体重,公鹅 4～4.5 千克,母鹅 3.5～4 千克。雏鹅绒毛黄色,腹下毛色较淡。

3. 生产性能

(1)产蛋与繁殖性能　性成熟期为 180～200 天。除盛夏和严冬外,可全年产蛋。在半舍饲半放牧的粗放饲养条件下,年产蛋量 80～100 个。饲养条件较好时,年产蛋 120～130 个。最高产蛋纪录可达 180～200 个。如果采用全舍饲,夏防暑冬防寒,喂全价饲料,可全年产蛋。蛋重平均为 120～130 克,蛋壳白色。公、母鹅配种比例为 1：6～7,受精率为 85% 以上。用火炕热水袋孵化法孵化,受精蛋孵化率为 85%～90%。4 周龄、5～30 周龄、31～80 周龄成活率分别为 92%、95% 和 95%。产蛋高峰出现在 2～3 岁,4 岁产蛋量下降。母鹅利用年限 3 年。基本无就巢性,是理想的母本品种。

(2)生长速度与产肉性能　因各地饲养条件不同,豁眼鹅的生长速度差异较大,在半舍饲半放牧条件下,初生重 70～80 克;90 日龄公鹅 1.91～2.47 千克,母鹅 1.79～1.88 千

克；成年公鹅平均体重 3.72～4.44 千克,母鹅 3.12～3.82
千克。肥鹅的屠宰率,公鹅半净膛率为 78.3%～81.2%,全
净膛率为 70.3%～72.6%；母鹅分别为 75.6%～81.2% 和
69.3%～71.2%；料肉比为 2.76∶1。

(3)产肝与产绒性能　成年鹅经 21 天人工填饲,肥肝平
均重 324.6 克,最大 515 克,料肝比为 41.3∶1。达到出口等
级的肥肝占 67.7%。成年鹅羽毛质量较佳,每只每次可活拔
羽绒 50～75 克,含绒率平均为 30.3%。当年鹅 90 日龄前不
能活拔毛,含绒量低。一次性取毛屠宰以 11 月中下旬为宜,
此时含绒量高,绒质也好,但绒絮稍短。成年鹅屠宰一次性产
羽绒,公鹅 200 克,母鹅 150 克,其中含绒量 30% 左右。

(三)乌鬃鹅

1. 产地与分布　乌鬃鹅属小型灰色鹅种,因有一条由大
渐小的深褐色鬃状羽毛带而得名,故又叫墨鬃鹅。原产于广
东省清远市,故又名清远鹅。中心产区位于清远市北江两岸。
以清远城区及邻近的佛冈县、从化市、英德市等地较多。该鹅
体型虽小,但早熟,觅食力强,骨细、肉厚、肉味鲜美,肥育性能
好,适于制作烧鹅,具有出肉率高、肉嫩多汁等特点,活鹅在
港、澳特区销售,有较高声誉。

2. 外貌特征　乌鬃鹅体型较小,体质结实,头小,颈细,腿
矮,羽毛紧凑。公鹅呈榄核形,肉瘤发达,雄性特征明显。母
鹅呈楔形,脚矮小,颈细灵活,眼大适中,虹彩褐色。喙和肉瘤
黑色,胫和蹼黑色。成年鹅的头部自喙基和眼的下缘起直至
最后颈椎,有一条由大渐小的鬃状黑色羽毛带,颈部两侧的羽
毛为白色,翼羽、扇羽和背羽乌褐色,并在羽毛末端有明显的
棕褐色镶边。胸羽灰白色,尾羽灰黑色,腹尾的绒羽白色。在
背部两侧,有一条起自肩部直至尾根的 2 厘米左右宽的白色

羽毛带。在尾翼间未被覆盖部分呈现白色圈带。青年鹅的各部位羽毛颜色比成年鹅较深,喙、肉瘤、跖、蹼均为黑色,虹彩棕色。

3. 生产性能

(1)产蛋与繁殖性能 公鹅的性成熟较早,配种能力强,通常控制在 240 日龄才配种。母鹅开产日龄为 140 天左右,1 年分 4 个产蛋期,第一期在 7~8 月份,第二期在 9~10 月份,第三期为 11 月份至翌年 1 月份,第四期在 2~4 月份。平均年产蛋量 30 个左右,饲养条件好的可达 34.6 个。平均蛋重 144.5 克。蛋壳浅褐色。有很强的就巢性,每产 1 期蛋就巢 1 次,每期产 5~7 个蛋,母鹅进行天然孵化。公、母鹅配种比例为 1 : 8~10,种蛋受精率 87.7%,受精蛋孵化率 92.5%,雏鹅成活率 84.9%。公鹅利用 3~4 年,母鹅 5~6 年。

(2)生长速度与产肉性能 在正常饲养条件下,雏鹅出壳重 95 克,30 日龄重 695 克,70 日龄重 2.58 千克,90 日龄重 3.17 千克。成年公鹅体重 3.42 千克,母鹅 2.86 千克。料肉比为 2.31 : 1。半净膛率公鹅 88.8%,母鹅 87.5%;全净膛率公鹅 77.9%,母鹅 78.1%。

(四)籽 鹅

1. 产地与分布 籽鹅是我国白鹅中的小型品种,因产蛋量高而名"籽鹅",是世界上少有的产蛋量高的鹅种。分布于黑龙江省松嫩平原,中心产区位于黑龙江省肇东市、肇源县和肇州县等地,黑龙江全省各地均有分布。该鹅种具有耐寒、耐粗饲和产蛋能力强的特点。

2. 外貌特征 籽鹅体型较小,紧凑,略呈长圆形。羽毛白色,头较小,一般头顶有缨,又叫顶心毛,颈细长,肉瘤较小。颌下偶有垂皮,即咽袋,但较小。喙、胫、蹼皆为橙黄色,虹彩为蓝灰色。腹部一般不下垂。

3. 生产性能

(1) 产蛋与繁殖性能 籽鹅是产蛋多的小型鹅种，抗寒耐粗饲能力很强，可用于母本生产杂交鹅。母鹅开产日龄为180～210 天，一般年产蛋在 100 个以上，多的可达 180 个。蛋壳粗糙呈白色，蛋重平均 131.1 克，最大 153 克。公、母鹅配种比例为 1∶5～7，受精率在 90% 以上，受精蛋孵化率均在90% 以上，高的可达 98%。就巢性弱。公鹅可利用 5～6 年，母鹅 6～7 年。

(2) 生长速度与产肉性能 初生公雏体重 89 克，母雏 85克；56 日龄公鹅体重 2.96 千克，母鹅 2.58 千克；70 日龄公鹅体重 3.28 千克，母鹅 2.86 千克；成年公鹅体重 4～4.5千克，母鹅 3～3.5 千克。70 日龄公、母鹅半净膛率分别为78.02% 和 80.19%，全净膛率分别为 69.47% 和 71.3%。24周龄公、母鹅半净膛率分别为 83.15% 和 82.19%，全净膛率为 78.15% 和 79.6%。

(五) 酃县白鹅

1. 产地与分布 中心产区位于湖南省酃县（今炎陵县）沔渡和十都两乡，以沔水和河漠水流域饲养较多。与炎陵县毗邻的资兴市、桂东县、茶陵县和江西省的莲花县均有分布。江西省莲花县的莲花白鹅与酃县白鹅系同种异名。2002 年存栏 3 万只。该鹅种是在自然环境条件比较封闭的地区形成的，其近亲繁育程度较高，是基因型纯合度较高的地方品种。

2. 外貌特征 酃县白鹅体型小而紧凑，体躯近似短圆柱形。头中等大小，有较小的肉瘤，母鹅的肉瘤扁平，不显著。颈长中等，体躯宽深，母鹅后躯较发达。全身羽毛白色。喙、肉瘤和胫、蹼橘红色，皮肤黄色，爪玉白色虹彩蓝灰色，公、母鹅均无咽袋。

3.生产性能

(1)产蛋与繁殖性能　母鹅开产日龄 120～210 天。母鹅多在 10 月份至翌年 4 月份产蛋,分 3～5 个产蛋期,每期产 8～12 个,之后开始就巢。全年平均产蛋量 46 个,第一年产蛋平均重 116.6 克,第二年为 146.6 克。蛋壳白色。公、母鹅配种比例为 1:3～4,种蛋受精率平均高达 98%,受精蛋孵化率达 97%～98%。雏鹅成活率 96%。种鹅利用 2～6 年。

(2)生长速度与产肉性能　成年公鹅体重 4～5.3 千克,母鹅 3.8～5 千克。在放牧条件下,60 日龄体重为 2.2～3.3 千克,90 日龄 3.2～4.1 千克。如加喂精饲料,60 日龄可达 3～3.7 千克。对未经肥育的 6 月龄仔鹅进行屠宰测定,半净膛率与全净膛率公鹅分别为 82% 和 76.35%,母鹅分别为 83.98% 和 75.69%。放牧加补喂精料饲养的肉鹅,从初生至屠宰生长期共 105 天,平均体重为 3.75 千克,每只耗精料 3.28 千克,平均每千克增重耗精料为 0.88 千克。

(六)长 乐 鹅

1.产地与分布　中心产区位于福建省长乐市,分布于邻近的闽侯、福州、福清、连江、闽清等地。2002 年存栏种鹅 1.5 万只。

2.外貌特征　成年鹅昂首曲颈,胸宽而挺。公鹅肉瘤高大,稍带棱脊形;母鹅肉瘤较小,且扁平,颈长呈弓形,体躯蛋圆形,前躯高抬而丰满,无咽袋,少腹褶。绝大多数个体羽毛灰褐色,纯白色的仅占 5% 左右。灰褐色的成年鹅从头部至颈部的背面,有一条深褐色的羽带,与背、尾部的褐色羽区相连接;颈部腹侧至胸、腹部呈灰白色或白色,颈部的背侧与腹侧羽毛界限明显。有的在颈、胸、肩交界处有白色环状羽带。

喙黑色或黄色,肉瘤黑色、黄色或黄色带黑斑,皮肤黄色或白色,胫、蹼橘黄色或橘红色。虹彩蓝灰色。长乐鹅群中常见灰白花或褐白花个体,这类杂羽鹅的喙、肉瘤、胫、蹼常见橘红色带黑斑,虹彩褐色或蓝灰色。

3. 生产性能

(1)产蛋性能　一般年产蛋 2～4 窝,平均年产蛋量为30～40 个。平均蛋重为 153 克,蛋壳白色。

(2)生长速度与产肉性能　成年公鹅体重 4.38 千克,母鹅 4.19 千克。70～90 日龄肉鹅半净膛率 81.78%,全净膛率68.67%,长乐鹅经填肥 23 天后,肥肝平均重为 220 克,最大肥肝 503 克。

(3)繁殖性能　性成熟 7 月龄。公、母鹅配种比例为 1:6。种蛋受精率 80% 以上,就巢性较强。母鹅利用年限一般5～6 年,个别的可长达 8～10 年。

(七)伊 犁 鹅

1. 产地与分布　伊犁鹅又称塔城飞鹅、新疆鹅、雁鹅。中心产区位于新疆维吾尔自治区伊犁哈萨克自治州及博尔塔拉蒙古族自治州一带。是我国惟一起源于灰雁的一个鹅种,饲养史 200 余年。2002 年存栏 3 万只。该品种抗寒耐热,适应性强,饲养粗放,在产区几乎全为放牧饲养,很少补喂精料,能短距离飞翔,产绒量高。属小型绒肉兼用品种。

2. 外貌特征　伊犁鹅体型与灰雁非常相似,颈较短,胸宽广而突出,体躯呈水平状态,扁椭圆形,腿粗短。头部平顶,无肉瘤突起。颌下无咽袋。雏鹅上体黄褐色,两侧黄色,腹下淡黄色,眼灰黑色,喙黄褐色,跗、蹼均为橘红色,喙豆乳白色。成年鹅喙象牙色,胫、蹼、趾肉红色,虹彩蓝灰色。羽毛可分为灰、花、白 3 种颜色,翼尾较长。

灰鹅头、颈、背、腰等部位羽毛灰褐色；胸、腹、尾下灰白色，并缀以深褐色小斑；喙基周围有一条狭窄的白色羽环；体躯两侧及背部，深浅褐色相衔，形成状似覆瓦的波状横带；尾羽褐色，羽端白色。最外侧两对尾羽白色。花鹅羽毛灰白相间，头、背、翼等部位灰褐色，其他部位白色，常见在颈肩部出现白色羽环。白鹅全身羽毛白色。

3. 生产性能

（1）产蛋性能　开产日龄 300 天。一般每年只有 1 个产蛋期，出现在 3～4 月间，也有个别鹅分春、秋两季产蛋。平均年产蛋量为 10.1 个。通常第一个产蛋年 7～8 个，第二个产蛋年 10～12 个，第三个产蛋年 15～16 个，此时已达产蛋高峰，到第六年产蛋量逐渐下降。平均蛋重 156.9 克，蛋壳乳白色。

（2）生长速度与产肉性能　出壳重 100 克左右，放牧饲养，公、母鹅 30 日龄体重分别为 1.38 千克和 1.23 千克；60 日龄体重 3.03 千克和 2.77 千克；90 日龄体重为 3.41 千克和 2.77 千克；120 日龄体重为 3.69 千克和 3.44 千克；成年公鹅平均体重 4.29 千克，母鹅 3.53 千克。8 月龄肥育 15 天的肉鹅屠宰表明，平均活重 3.81 千克，半净膛率和全净膛率分别为 83.6% 和 75.5%。

（3）繁殖性能　母鹅的性成熟期受气候、季节的影响很大，一般当年孵化的鹅，到翌年春季母鹅开始产蛋，公鹅 10 月龄时方有交尾行为。公、母鹅配种比例为 1:2～4。种蛋平均受精率为 83.1%，受精蛋孵化率为 81.9%。有就巢性，一般每年 1～2 次，发生在春季产蛋结束后。30 日龄成活率 84.7%。

（4）产绒性能　鹅绒是当地群众养鹅的主要目的之一，平均每只鹅可产羽绒 240 克,其中纯绒 192.6 克。一般 7~8 只鹅产的羽绒,就可制作 1 个民族式枕头。1992 年辽宁省昌图县引进伊犁鹅作为父本与当地豁眼鹅杂交,杂交后代的产蛋量和产绒量都有提高。

(八)闽北白鹅

1. 产地与分布 中心产区位于福建省北部南平市的邵武市,宁德市的福安市、周宁县、古田县和屏南县等。2002 年存栏 200 万只以上。该鹅为小型白羽品种,具有生长较快、肥育性能好、产肉率高、耐粗饲强等特点。

2. 外貌特征 闽北白鹅全身羽毛洁白,喙、胫、蹼均为橘黄色,皮肤为肉色,虹彩灰蓝色。公鹅头顶有明显突起的冠状肉瘤,颈长胸宽,鸣声洪亮。母鹅臀部宽大丰满,性情温驯。雏鹅绒毛为黄色或黄中透绿。

3. 生产性能

(1)产蛋性能 母鹅 150 日龄开产,年产蛋 3~4 窝,年产蛋量 30~40 个,平均蛋重 137 克,蛋壳白色。

(2)生长速度与产肉性能 在较好的饲养条件下,100 日龄仔鹅体重可达 4 千克左右。成年公鹅体重 4 千克,母鹅3.6 千克。肉质好。公鹅全净膛率 80%,母鹅全净膛率77.5%。

(3)繁殖性能 母鹅开产日龄 150 天左右。公鹅 7~8 月龄性成熟,开始配种。公、母鹅配种比例为 1:5,种蛋受精率85% 以上。受精蛋孵化率 80%。

(九)永康灰鹅

1. 产地与分布 永康灰鹅产于浙江省金华市的永康市和武义县等地,毗邻的各县、市也有分布。2002 年存栏 3.5 万只。是我国灰羽鹅中的 1 个小型肉用鹅品种,肝用性能好。

2. 外貌特征 该鹅体躯呈长方形,其前胸突出而向上抬起,后躯较大,腹部略下垂,颈细长,肉瘤突起。羽毛背面呈深灰色,自头部至颈部上侧直至背部的羽毛较深,主翼羽深灰色。颈部两侧及下侧直至胸部为灰白色,腹部白色。喙和肉瘤黑色。跖、蹼橘红色。虹彩褐色。皮肤淡黄色。

3. 生产性能

(1)产蛋性能 年产蛋量 40～60 个,平均蛋重 145 克,蛋壳白色。

(2)生长速度与产肉性能 2 月龄体重 2.5 千克左右。成年公鹅 4.175 千克,成年母鹅 3.726 千克,半净膛率 82%,全净膛率 62% 左右。经 3 周填肥,肥肝重 350～400 克。

(3)繁殖性能 母鹅开产期 5 月龄左右。就巢性较强,每年 3～4 次。

(十)右江鹅

1. 产地与分布 右江鹅产于广西百色地区,主要分布于右江两岸的 12 个县、市。2002 年存栏 9.5 万只。

2. 外貌特征 背胸宽广,成年公、母鹅腹部均下垂。头部较小而平。无咽袋。按羽色分,有白鹅与灰鹅两种。白鹅全身羽毛洁白,虹彩浅蓝色,喙、跖与蹼粉红色。皮肤、爪和喙豆为肉色。灰鹅体型与白鹅相同,仅毛色不同。头部和颈的背面羽毛呈棕色。颈两侧与下方直至胸部和腹部都生白羽。背羽灰色镶琥珀边。主翼羽前 2 根为白色,后 8 根为深灰色镶白边。尾羽浅灰色镶白边。腿羽灰色。头部皮肤和肉瘤交界处有一小圈白毛。虹彩黄褐色,喙黑色,跖和蹼橙黄色。

3. 生产性能

(1)产蛋性能 每年产蛋 3 窝,每窝产 8～15 个,个别达18～20 个,通常以头窝所产较多。年产蛋量 40 枚。蛋重 160

克。蛋壳多数白色,少数青色。

(2)生长速度与产肉性能 90日龄体重2.5千克;160
日龄体重3.3千克;180日龄公鹅体重4千克,母鹅体重3.6
千克。成年公鹅体重4.5千克,母鹅4千克。3～6月龄屠宰
测定,公鹅半净膛率84.48%,全净膛率74.71%;母鹅半净
膛率81.13%,全净膛率72.76%。

(3)繁殖性能 母鹅9～12月龄开产。公、母鹅配种比例
为1:5～6。受精率90%以上,受精蛋孵化率可达95%。种
鹅每产完1窝蛋即就巢1次,繁殖季节分别为1～2月份和
9～12月份,晚春至夏季停产。种鹅利用年限3年以上。

二、中型鹅品种

(一)浙东白鹅

1.产地与分布 浙东白鹅中心产区现位于浙江省东部的
象山县,主要分布于余姚市、鄞县、绍兴、奉化、宁海、定海、上
虞、嵊州、新昌等地。江苏省南部因20世纪70年代大量引
种,现也有较大数量的分布。2002年存栏量150万只。浙东
白鹅生长快,肉质好,肉用仔鹅经短期肥育后加工成冻鹅,销
往我国港、澳特区和新加坡,颇受欢迎。

2.外貌特征 体型中等,体躯呈长方形,全身羽毛洁白,
约有15%的个体在头部和背侧夹杂少量斑点状灰褐色羽毛。
额上方肉瘤高突,成半球形。随年龄增长,突起变得更加明
显。无咽袋、颈细长。喙、跖、蹼幼年时呈橘黄色,成年后变橘
红色,肉瘤颜色较喙色略浅,眼睑金黄色,虹彩灰蓝色。成年
公鹅体型高大雄伟,肉瘤高突,鸣声洪亮,好斗逐人;成年母
鹅腹宽而下垂,肉瘤较低,鸣声低沉,性情温驯。

3. 生产性能

(1)产蛋性能 母鹅一般在 150 日龄左右开产,每年有 4 个产蛋期,每期产蛋 8～13 个,1 年可产蛋 40 个左右。平均蛋重 149 克。也有少数母鹅 1 年有 5 个产蛋期。蛋壳呈白色。初产母鹅开产后,前 2 期产蛋量不稳定,蛋重也轻,不宜留种。1 个产蛋期需经历 70 天左右,其中产蛋时间 20 天,孵化时间 30 天,休产恢复时间 20 天。

(2)生长速度与产肉性能 初生重 109 克,28 日龄体重 1.254 千克,56 日龄体重 3.36 千克,70 日龄体重 4.1 千克。成年公鹅体重 6.5 千克,母鹅 5.5 千克。70 日龄左右(体重 3.2～4 千克)上市,但此时主翼羽羽轴血浆未净,屠宰去毛时易脱皮,鹅肉也略带青草气,外销冻鹅需用精料再经十多天肥育,以改善肉质,提高屠宰率。70 日龄仔鹅屠宰测定,半净膛率和全净膛率分别为 81.1% 和 72%。70 日龄经 28 天填肥后,肥肝平均重 392 克,最大肥肝重 600 克;料肝比为44∶1。

(3)繁殖性能 母鹅开产日龄一般在 140～145 天。公鹅 4 月龄开始性成熟,初配年龄 150～160 日龄,公、母鹅配种比例为 1∶6～8。浙东一带都采用人工辅助交配,当母鹅生下蛋后,6 小时内放公鹅交配。有的地方公、母鹅配种比例达 1∶15。种蛋受精率 90% 以上,受精蛋孵化率达 90% 左右。公鹅利用年限 3～5 年,以第二、第三年为最佳时期。绝大多数母鹅都有较强的就巢性,每年就巢 3～4 次,一般连续产蛋 9～11 个后就巢 1 次。产区群众历来用母鹅进行天然孵化。

(二)皖西白鹅

1. 产地与分布 皖西白鹅是中国白鹅中体型较大的品种。中心产区位于安徽省西部丘陵山区和河南省固始一带,主要分布于皖西的霍丘、寿县、六安、肥西、舒城、长丰等地以及河南的固始等地。据史料记载,本品种已有400多年的饲养历史,具有生长快、觅食力强、耐粗饲、肉质好和羽绒品质优良等特点。炮制加工的腊鹅是产区传统的肉食品。该鹅尤以产羽绒量高为主要特色,是安徽省重要出口物资之一。

2. 外貌特征 皖西白鹅体型中等,体态高昂,气质英武,颈长呈弓形,胸深广,背宽平。全身羽毛洁白,头顶肉瘤呈橘黄色,圆而光滑无皱褶,喙橘黄色,喙端色较淡,虹彩灰蓝色,胫、蹼橘红色,爪白色,约6%的鹅颌下带有咽袋。少数个体头颈后部有球形羽束,即顶心毛。公鹅肉瘤大而突出,颈粗长有力,体躯略长;母鹅颈较细短,腹部轻微下垂,体型呈蛋圆形。

3. 生产性能

(1)产蛋性能 产蛋多集中在1月份及4月份。皖西白鹅生活力、抗病力强,产蛋量低,一般母鹅年产两期蛋,年产蛋量25个左右,有3%～4%的母鹅可连续产蛋30～50个,群众称之为"常蛋鹅"。平均蛋重142克,蛋壳白色。

(2)生长速度与产肉、产绒性能 初生重90克左右,30日龄仔鹅体重可达1.5千克以上,60日龄达3～3.5千克,90日龄达4.5千克左右,成年公鹅体重6.12千克,母鹅5.56千克。8月龄放牧饲养且不催肥的鹅,其半净膛率和全净膛率分别为79%和72.8%。皖西白鹅羽绒质量好,尤其以绒毛的绒朵大而著称。平均每只鹅产羽毛349克,其中羽绒量40～50克。

(3)繁殖性能 公鹅4月龄性成熟,8～10月龄配种,母鹅6月龄可开产,公、母鹅配种比例为1:4～5。种蛋受精率平均为88.7%,受精蛋孵化率为91.1%,30日龄仔鹅成活率高达96.8%,健雏率97%。一般1月份开产第一期蛋的母鹅占 61％；4 月份开产第二期蛋的母鹅占 65％。因此，3 月份、5 月份分别为 1～2 期鹅的出雏高峰，可见皖西白鹅繁殖季节性强，时间集中。母鹅就巢性强，一般年产 2 期蛋，每产 1 期，就巢 1 次，有就巢性的母鹅占 98.9％，其中 1 年就巢 2 次的占 92.1％。公鹅利用年限 3～4 年或更长，母鹅 4～5 年，优良者可利用 7～8 年。

（三）溆浦鹅

1. 产地与分布　溆浦鹅产于湖南省沅江支流溆水两岸。中心产区位于溆浦县新坪、马田坪、水东等地，分布在溆浦全县及怀化市。试验证明，溆浦鹅是我国肥肝性能优良的鹅种之一。

2. 外貌特征　溆浦鹅体型稍大，体躯稍长，呈长圆柱形。公鹅肉瘤大，头颈高昂，前胸阔展，颈和躯干较长，直立雄壮，叫声清脆洪亮，护群性强。母鹅体型稍小，颈和躯干稍短，后躯比前躯发达。体态清秀，性情温驯、觅食力强，产蛋期间后躯丰满，呈蛋圆形。毛色主要有白、灰两种，以白色居多。灰鹅颈、背、尾灰褐色，腹部为白色，皮肤浅黄色，眼睛明亮有神，眼睑黄白，虹彩灰蓝色。跖、蹼都是橘红色，喙黑色。肉瘤突起，呈灰黑色，表面光滑。白鹅全身羽毛白色，喙、肉瘤、跖、蹼都呈橘黄色。皮肤浅黄色，眼睑黄色，虹彩灰蓝色。该品种母鹅后躯丰满，腹部下垂，有腹褶。有 20％ 左右的个体头顶有顶心毛。

3. 生产性能

（1）产蛋性能　一般年产蛋量 30 个左右。产蛋季节集中在秋末和初春，即当年的 9～10 月份和翌年的 2～3 月份。每期可产蛋 8～12 个，一般年产 2～3 期，高产者达 4 期。平均蛋重 186 克，秋蛋小，冬、春蛋大。蛋壳以白色居多，少数为淡青色。

(2)**生长速度与产肉性能**　溆浦鹅生长快、耗料少、觅食力强,适应性好。初生重122克;30日龄体重1.54千克;60日龄体重3.15千克;90日龄体重4.42千克;180日龄公鹅体重5.89千克,母鹅5.33千克。成年公鹅体重6～6.5千克,母鹅5～6千克。6月龄肉鹅半净膛率公、母鹅分别为88.6％和87.3％,全净膛率公、母鹅分别为80.7％和79.9％。

(3)**繁殖性能**　母鹅开产在7月龄左右。公鹅6月龄具有配种能力。公、母鹅配种比例为1∶3～5,种蛋受精率97.4％,受精蛋孵化率93.5％,30日龄雏鹅成活率85％。公鹅利用年限3～5年,母鹅5～7年。该品种鹅就巢性强,一般每年就巢2～3次,多的达5次。

(4)**产肥肝与产绒性能**　该鹅具有良好的产肥肝性能,肥肝品质好。经填肥试验测定,填饲前平均肝重为92克,填肥21天后肥肝平均重为627.51克,最大肥肝重1 330.5克,其中600克以上的特级肥肝占肥肝总量的73％,料肝比为28∶1,是生产鹅肥肝的优良品种。灰、白两种羽色的溆浦鹅肥肝性能无差异。体重3.4千克的溆浦鹅,平均1次拔毛量为437.5克。

(四)四川白鹅

1. 产地与分布　四川白鹅是我国著名地方良种,是我国中型白色鹅种中惟一无就巢性、产蛋量较高的品种。在中国白鹅配套系的育种中,作为配套系母本,与国内其他鹅种进行杂交,具有良好的配合力和杂种优势。四川白鹅主产于四川省和重庆市。广泛分布于温江、乐山、宜宾、永川和达县等地。

2. 外貌特征　体型稍细长,头中等大小,躯干呈圆筒形,全身羽毛洁白、紧密。喙、跖、蹼橘红色,虹彩蓝灰色。公鹅体型稍大,头颈较粗,额部有一呈半圆形的肉瘤。母鹅头清秀,颈细长,肉瘤不明显,全身白羽。

3. 生产性能

(1)**产蛋性能** 四川白鹅产蛋季节为 9 月份至翌年 5 月份。年产蛋量 60～80 个,高的可达 100～120 个,平均蛋重 142 克,蛋壳白色。

(2)**生长速度与产肉性能** 四川白鹅生长较快。据开江县测定,初生重 97.5 克,8 周龄平均体重 2.94 千克,10 周龄 3.5 千克,12 周龄 3.8 千克。成年公鹅体重 5 千克,母鹅 4.9 千克。四川白鹅 90 日龄前生长快。据在宜宾市测定,6 月龄公、母鹅的半净膛率分别为 86.3% 和 80.7%,全净膛率分别为 79.3% 和 73.1%。

(3)**繁殖性能** 母鹅开产日龄 200～240 天。公鹅性成熟期为 180 天左右,公、母鹅配种比例为 1:3～4,种蛋受精率 85% 以上,受精蛋孵化率为 84% 左右。无就巢性。每年 10 月份至翌年 6 月份为四川白鹅孵化季节。

(4)**产绒与产肝性能** 四川白鹅羽毛洁白,绒羽品质优良。利用种鹅休产期可拔毛 2 次。平均每只产羽绒 157.4 克。经填肥,肥肝平均重 344 克,最大的重 520 克,料肝比为 42:1。

(五)钢 鹅

1. 产地与分布 钢鹅又名铁甲鹅,属中国鹅种中灰色鹅的一个地方品种。主产于四川省西南部凉山彝族自治州安宁河流域的河谷区,分布于该州的西昌、德昌、冕宁、米易和会理等县、市。2002 年存栏 12.3 万只。该鹅体型大,生长发育快,出肉率高,贮脂力强,当地群众有填鹅取肝的习惯,肥肝性能良好,是当地群众喜养的鹅种。除肉用外,还取其腹脂作为食用油的来源。故长期以来群众注意选择体型大的鹅留作种用,并积累了丰富的饲养管理经验。

2. 外貌特征　钢鹅体型较大,颈呈弓形,头呈长方形;喙宽平、灰黑色。公鹅肉瘤突出,黑色质坚,前胸圆大开阔,体躯向前抬起,体态高昂。母鹅肉瘤扁平,腹部圆大,腹褶不明显。鹅的头顶部沿颈的背面直到颈下部有一条由大逐渐变小的灰褐色的鬃状羽带,腹面的羽毛灰白色,褐色羽毛的边缘有银白色的镶边,状似铁甲。大腿部羽毛黑灰色,小腿、腹部羽毛灰白色。跖粗,蹼宽,呈橘黄色,趾黑色。

3. 生产性能

(1)产蛋性能　年产蛋量 42 个,平均蛋重 173 克,蛋壳白色。

(2)生长速度与产肉性能　钢鹅生长速度快,平均初生重为 127 克,30 日龄平均体重 1.58 千克,60 日龄平均体重 3.58 千克。成年公鹅体重 5.1 千克,母鹅 4.5 千克。公鹅半净膛率为 88.5%,全净膛率为 76.8%;母鹅半净膛率为 88.6%,全净膛率为 75.5%。

(3)繁殖性能　母鹅开产期为 6～7 月龄。钢鹅就巢性强,当地群众在冬季一般采用自然孵化,由母鹅自产自孵。

(六)马 岗 鹅

1. 产地与分布　马岗鹅产于广东省开平市,分布于佛山、肇庆地区各县、市。属中型肉用鹅。该鹅是 1925 年自外地引入公鹅与阳江母鹅杂交,经在当地长期选育形成的品种,具有早熟易肥的特点。

2. 外貌特征　马岗鹅具有乌头、乌颈、乌背、乌脚等特征。公鹅体型较大,头大、颈粗、胸宽、背阔;母鹅体躯如瓦筒形,羽毛紧贴,背、翼基羽均为黑色,胸、腹羽淡白色。初生雏鹅绒羽呈墨绿色,腹部为黄白色,跖、喙呈黑色。

3. 生产性能

(1)**产蛋性能** 每年有 4 个产蛋期,第一期为 7～8 月份,第二期为 9～10 月份,第三期为 12 月份至翌年 1 月份,第四期为 2～4 月份。年产蛋量 40～45 个。平均蛋重 169 克,蛋壳白色。

(2)**生长速度与产肉性能** 马岗鹅早期生长迅速,在放牧饲养条件下,70 日龄体重可达 3.4～4 千克;在舍饲条件下,70 日龄上市体重可达 5 千克。成年公鹅体重 5.45 千克,母鹅 4.75 千克。半净膛率 85%～88%,全净膛率 73%～76%。皮薄,肉嫩,脂肪含量适度,肉质上乘。

(3)**繁殖性能** 母鹅开产期 5 月龄左右。公、母鹅配种比例为 1∶5～7,种蛋受精率 85% 左右,受精蛋孵化率 90% 左右。利用年限 5～6 年。就巢性较强,每年 3～4 次。

(七)武冈铜鹅

1. 产地与分布 武冈铜鹅产于湖南省资水上游的武冈县。中心产区是沿资水两岸的城西、转湾、新束、石羊、朱溪、花桥等地。2002 年存栏 68 万只。本品种肉质好,适应性强。

2. 外貌特征 武冈铜鹅因喙、趾、蹼呈橙黄色似铜,故称"铜鹅"。其体型中等,外貌清秀,体态呈椭圆形。颈较细长,稍呈弓形,后躯较发达。鹅群体内部又分为黄铜型和青铜型两大类型。黄铜型全身羽毛白色,喙橘黄色,胫、蹼均呈橙黄色似黄铜故而得名,占群体的 2/3。青铜型翼羽、尾羽呈灰褐色,腹下部乳白色,喙、胫、蹼均呈青灰色似青铜故而得名,占群体的 1/3。

3. 生产性能

(1)产蛋性能 开产日龄 185 天左右,一般年产 3 期,年产蛋 35~45 个,蛋重 160 克,蛋壳呈乳白色。

(2)生长速度与产肉性能 成年公鹅体重 5.24 千克,母鹅 4.41 千克。初生重 94 克,60 日龄 2.86 千克,90 日龄 3.87 千克,料重比 2.25:1。全净膛率公鹅为 72.8%,母鹅 72.5%左右;半净膛率公鹅为 80.5%,母鹅 80.8%左右。

(3)繁殖性能 公鹅 150 日龄性成熟,配种日龄以 200 日龄以上为宜。公、母鹅配种比例为 1:4~5,受精率 85%以上,受精蛋孵化率 90%左右。母鹅就巢性很强。1 年就巢 2~4 次。公鹅利用年限为 4~6 年,母鹅 6~8 年。

(八)天府肉鹅

1. 产地与分布 天府肉鹅是四川农业大学家禽育种试验场利用引进的国外良种和地方良种为育种材料,经 10 个世代选育而成的肉鹅配套系。天府肉鹅配套系具有产蛋多、适应性和抗病力强、商品代肉鹅早期生长速度快等特点。除四川省外,现已推广到安徽、广西、云南、上海、湖北、广东、江苏、贵州等地,表现出良好的推广应用前景。

2. 外貌特征 母系母鹅体型中等,全身羽毛白色。喙橘黄色,头清秀,颈细长,肉瘤不太明显。父系公鹅体型中等偏大,额上无肉瘤,颈粗短,成年时全身羽毛洁白,父系初生雏鹅和商品代雏鹅头、颈、背部羽毛为灰褐色,从 2~6 周龄逐渐转为白色。父系成年公鹅体重 5.58 千克,母鹅 4.73 千克;母系成年公鹅体重 4.22 千克,母鹅 3.94 千克。

3. 生产性能

(1)产蛋和繁殖性能 母系开产日龄 190~200 天,年产蛋量 85~90 个,蛋重 141.3 克,受精率 88%以上;父系开产日龄 210～230 天,产蛋量 40～50 个,蛋重 147.5 克,受精率 74%～77%；配套系种鹅开产日龄 200～210 天,年产蛋 85～ 90 个。

（2）生长速度与产肉性能　天府肉鹅商品代在放牧补饲饲养条件下,8 周龄活重达 3.39 千克,10 周龄活重 4.22 千克,料肉比 1.68：1。10 周龄全净膛率,父系公鹅、母系母鹅和商品肉鹅分别为 75.2%,69%,69%。

（3）产绒性能　经测定,天府肉鹅 17 周龄父系公鹅活拔羽绒重 40.1 克,母鹅 48.8 克；母系公鹅 33 克,母鹅 32.4 克。父系的产绒性能优于母系。

三、大型鹅品种

狮头鹅是亚洲也是我国惟一的大型鹅种,因前额和颊侧肉瘤发达呈狮头状而得名。

（一）产地与分布

狮头鹅体型大,生长快,饲料利用率高,杂交时可作为父本品种用。狮头鹅原产于广东省饶平县溪楼村,主产于澄海、饶平两县。中心产区位于澄海市和汕头市郊区。20 世纪 90 年代初全国已有 23 个省、自治区、直辖市引种饲养。2002 年存栏 60 万只。狮头鹅的形成历史已有 200 多年,现已在产区建立了种鹅场,进行了系统的选育工作。按羽毛颜色和外貌分为若干类型,形成了外貌特征一致、遗传性能稳定的种群。

（二）外貌特征

狮头鹅体型硕大,是世界上三大重型鹅种之一。体躯呈方形,头大颈粗,前躯略高。公鹅昂首健步,姿态雄伟,头部前额肉瘤发达,向前突出,覆盖于喙上。两颊有左右对称的黑色肉瘤 1～2 对,颌下咽袋发达,一直延伸到颈部,形成"狮形头",故得名狮头鹅。公鹅和2岁以上母鹅的头部肉瘤特征更为显著。喙短,质坚实,黑色,与口腔交接处有角质锯齿。脸部皮肤松软,眼皮凸出,多呈黄色,外观眼球似下陷,虹彩褐色。胫粗、蹼宽,胫、蹼均为橘红色,有黑斑。皮肤米黄色或乳白色。体内侧有袋状的皮肤皱褶。背面羽毛、前胸羽毛及翼羽均为棕褐色,由头顶至颈部的背面形成如鬃状的深褐色羽毛带,腹面的羽毛白色或灰白色,褐色羽毛的边缘色较浅,呈镶边羽。

(三)生产性能

1.产蛋性能 产蛋季节通常在当年9月份至翌年4月份,这一时期一般分3~4个产蛋期,每期可产蛋6~10个。第一个产蛋年产蛋量为20~24个,平均蛋重176克,蛋壳乳白色。2岁以上母鹅,平均产蛋量24~30个,平均蛋重217.2克。

2.生长速度与产肉性能 成年公鹅体重8.85千克,母鹅7.86千克。生长速度因生产季节不同而有差异,每年以9~11月份出壳的雏鹅生长最快,饲料报酬也高。在放牧条件下,公鹅初生重134克,母鹅133克;30日龄公鹅体重2.25千克,母鹅2.06千克;60日龄公鹅体重5.55千克,母鹅5.12千克;70~90日龄上市未经肥育的仔鹅,公鹅平均体重6.18千克,母鹅5.51千克。公鹅半净膛率81.9%,母鹅为84.2%;公鹅全净膛率71.9%,母鹅为72.4%。

3.繁殖性能 母鹅开产日龄为160~180天,一般控制在220~250日龄。种公鹅配种一般都在200日龄以上,利用年限为2~4年,公、母鹅配种比例为1:5~6。种蛋受精率70%~80%,受精蛋孵化率80%~90%。母鹅就巢性强,每产完1期蛋就巢1次,全年就巢3~4次。就巢性较弱的只占5%左右。母鹅可连续使用5~6年,盛产期为2~4岁。雏鹅在正常饲养条件下,30日龄雏鹅成活率可达95%以上。

4. 产肥肝性能 狮头鹅是国内体型最大、产肥肝性能最好的灰羽品种。据对672只狮头鹅的测定,肥肝平均重为538克,最大肥肝重1 400克,肥肝占屠体重达13%,料肝比40:1。肥肝平均重和最大重,在国内品种中均居第一。以狮头鹅作为父本,与我国3个产蛋较多的鹅种——太湖鹅、四川白鹅、豁眼鹅进行杂交,杂种的肥肝性能大大优于母本品种。

5. 产羽绒性能 70日龄公鹅、母鹅烫煺毛产量平均为每只300克。有的母鹅70日龄烫煺毛产量可达450克。狮头鹅属灰羽品种,羽绒质量不及白羽鹅。

第三节　国外鹅的主要品种

一、中型鹅品种

(一)朗 德 鹅

1. 产地与分布 朗德鹅又称西南灰鹅,原产于法国西南部靠比斯开湾的朗德省。当地产的朗德鹅与附近的图卢兹鹅、玛瑟布鹅相互杂交,经长期选育,形成了现在世界闻名的肥肝专用品种朗德鹅。世界上很多国家引进朗德鹅做父本杂交,以提高后代的生长速度。我国已引入并在很多省、自治区饲养和用于杂交改良。

2. 外貌特征 朗德鹅体型中等偏大,羽毛颜色以灰色为主,也有白色或灰白杂色。灰色朗德鹅的毛色灰褐,在颈背部接近黑色。在胸腹部较浅,呈银灰色。到腹下部则呈白色。匈牙利饲养的朗德鹅以白色者居多。通常情况下,灰羽的羽毛较松,白羽的羽毛紧贴。喙橘黄色,跖和蹼为肉色。体型具有从灰雁驯养的欧洲鹅特征。背宽胸深,腹部下垂,头部肉瘤不明显。喙尖而短,有咽袋。颈粗短,颈羽稍卷曲。站立或行走时,体躯与地面几乎呈平行状态。

3. 生产性能

(1)产蛋性能　朗德鹅一般在 2～6 月份产蛋,年平均产蛋 35～40 个,平均蛋重 180～200 克。

(2)生长速度与产肉、产肝性能　仔鹅生长迅速,56 日龄体重可达 4.5 千克左右。成年公鹅体重 7～8 千克,成年母鹅体重 6～7 千克。肉用仔鹅经填肥后,活重达到 10～11 千克,肥肝重量达 700～800 克。填饲的肥肝平均重 895.6 克,最大重量达 1 180 克,料肝比 24∶1。肥肝质地软,易破损。匈牙利用朗德鹅与莱茵鹅杂交,后代肥肝性能有很大提高。许多国家引入该鹅,除直接用于肥肝生产外,主要是作为父本品种与当地鹅杂交,提高后代的生长速度和肥肝性能。我国引进的朗德鹅在粗放的饲养条件下,6 周龄体重达 3.7 千克以上,3～4 月龄达 6.5 千克以上。

(3)繁殖性能　性成熟期约 180 天,种蛋受精率不高,仅60%～65%,孵化率 81%,育雏成活率 90%。公、母鹅配种比例为 1∶3。母鹅就巢性弱。

(4)产绒性能　朗德鹅对人工拔毛耐受性强,羽绒产量在每年拔毛 2 次的情况下,可达 350～450 克,产量很高。但质量不如白色羽绒。在法国通过杂交已获得白色朗德鹅,大大提高了羽绒价值。我国曾在 1979 年和 1986 年两次引进朗德鹅商品代。这些鹅的后代,羽色分离比较明显,群体中约有10% 的白羽鹅和 15%～20% 的灰白杂色羽鹅。

(二)莱 茵 鹅

1. 产地与分布　原产于德国莱茵州,是欧洲产蛋量最高的鹅种,现广泛分布于欧洲各国。

2. 外貌特征 体型中等偏小。初生雏背面羽毛为灰褐色,从 2 周龄至 6 周龄逐渐转变为白色,成年时全身羽毛洁白。喙、跖、蹼呈橘黄色。头上无肉瘤,颈粗短。

3. 生产性能

(1)产蛋性能 年产蛋量为 50～60 个,平均蛋重 150～190 克。

(2)生长速度与产肉性能 成年公鹅体重 5～6 千克,母鹅 4.5～5 千克。仔鹅 8 周龄活重可达 4.2～4.3 千克,料肉比为 2.5～3∶1。莱茵鹅能适应大群舍饲,是理想的肉用鹅种。产肝性能较差,平均肥肝重为 276 克。

(3)繁殖性能 母鹅开产日龄为 210～240 天。公、母鹅配种比例为 1∶3～4,种蛋平均受精率 74.9%,受精蛋孵化率 80%～85%。

(三)玛加尔鹅

1. 产地与分布 玛加尔鹅即匈牙利白鹅,体型中等。原产于匈牙利,现分布于多瑙河流域。在品种形成过程中主要受埃姆登鹅的影响,经几个世代杂交选育而成,近年来又导入了莱茵鹅的血液。该鹅种生活力强,肉用和肥肝性能均好。适合做杂交亲本。

2. 外貌特征 羽毛洁白,喙、趾、蹼橘黄色。分为平原地区型和多瑙河型 2 个地方品系。平原型的体型较大,多瑙河型的体型较小。

3. 生产性能

(1)产蛋与繁殖性能 年产蛋量 30～50 个,蛋重 160～190 克。受精率与孵化率均较高。部分母鹅有就巢性。

(2)生长速度与产肉性能 成年公鹅体重 6～7 千克,母鹅 5～6 千克。适当填饲,肥肝重 500～600 克。肝色淡黄,肝的组织结构非常适于现代化生产。每年可拔毛 3 次,每只鹅可获 400～450 克高质量绒毛。

(四)奥拉斯鹅

1. 产地与分布 奥拉斯鹅即意大利鹅。原产于意大利北部地区,育种过程中,导入过中国鹅的血液,由派拉奇鹅改良育成。在欧洲分布甚广。

2. 外貌特征 全身羽毛白色,肌肉发达。

3. 生产性能

(1)产蛋与繁殖性能 年产蛋量 55～60 个。公、母鹅配种比例为 1:3～5。种蛋受精率 85%,孵化率 60%～65%。

(2)生长速度与产肉性能 成年公鹅体重 6～7 千克,母鹅 5～6 千克。8 周龄体重 4.5～5 千克,料肉比 2.8～3:1。与朗德公鹅杂交,其杂种一代填饲后,活重 7～8 千克,肥肝重 700 克左右。

二、大型鹅品种

(一)埃姆登鹅

1. 产地与分布 原产于德国西部的埃姆登城附近,是一个古老的大型鹅种。有报道说,这个鹅种是由意大利白鹅与德国及荷兰北部的白鹅杂交选育而成。在 19 世纪,曾引入英国和荷兰白鹅的血液,经过选育和杂交改良,体型变大。本品种在英国和北美地区饲养较多,我国台湾省已有引种,肥育性能好,用于生产优质鹅油及鹅肉。

2. 外貌特征 埃姆登鹅体型硕大,头大呈椭圆形,眼鲜蓝色,喙粗短,橙色有光泽,颈长略呈弓形。背宽阔,体长,胸部丰厚,光滑看不到龙骨突出,腹部有一双皱褶下垂。尾部较背线稍高,站立时身体姿势与地面成30°～40°角。腿部粗短,呈深橙色。喙、胫、蹼呈橘红色,虹彩蓝色。全身羽毛白色。埃姆登鹅像大部分欧洲白鹅一样,仔鹅期出现有色羽,但到成年时会全部脱换成白色羽。初生雏鹅全身羽毛为黄色,但在背部及头部带有一些灰色绒羽,在换羽前可根据绒羽的颜色来鉴别公、母。公雏鹅绒毛上的灰色部分比母雏鹅浅些。

3. 生产性能

(1)产蛋性能　母鹅 300 日龄左右开产,年平均产蛋10～30 个。蛋重 160～200 克,蛋壳坚厚,呈白色。

(2)生长速度　60 日龄仔鹅体重 3.5 千克,成年公鹅体重 9～15 千克,母鹅 8～10 千克。肥育性能好,肉质佳,用于生产优质鹅油和鹅肉。羽绒洁白丰厚,活体拔毛,羽绒产量比较高。

(3)繁殖性能　母鹅 10 月龄左右开产。公、母鹅配种比例 1∶3～4。母鹅就巢性强。

(二)图鲁兹鹅

1. 产地与分布　图鲁兹鹅又称茵蒙鹅,是世界上体型最大的鹅种,19 世纪初由灰鹅驯化选育而成。原产于法国南部的图鲁兹市郊区,主要分布于法国西南部。后传入英国、美国等欧美国家。该鹅种由于体型巨大,曾被用来改良其他鹅种。法国的朗德鹅和前苏联的唐波夫鹅等,都有图卢兹鹅的血液。

2. 外貌特征　图卢兹鹅体态轩昂,羽毛丰满,具有重型鹅的特征。头大、喙尖,颈粗、中等长,体躯呈水平状,胸部宽深,腿短而粗。颌下有皮肤下垂形成的咽袋,腹下有腹褶,咽袋与腹褶均发达。羽毛灰色,着生蓬松,头部灰色,颈背深灰,胸部浅灰色,腹部白色。翼部羽深灰色带浅色镶边,尾羽灰白色。喙橘黄色,跖、蹼橘红色。虹彩褐色或红褐色。眼深褐色或红褐色。

3. 生产性能

(1)产蛋性能 年产蛋量 30～40 个,是产蛋量较高的重型鹅种。平均蛋重 170～200 克,蛋壳呈乳白色。

(2)生长速度与产肉、产肝性能 早期生长快,60 日龄仔鹅平均体重为 3.9 千克。成年公鹅体重 12～14 千克,母鹅9～10 千克。产肉多,但肌肉纤维较粗,肉质欠佳。易沉积脂肪,用于生产肥肝和鹅油,强制填饲每只鹅平均肥肝重可达1 000 克以上,最大肥肝重达 1 800 克。肥肝大而质软,质量较差。

(3)繁殖性能 母鹅性成熟迟,开产日龄为 305 天。公鹅性欲较强,有 22% 的公鹅和 40% 的母鹅是单配偶,受精率低,仅 65%～75%,公、母鹅配种比例为 1:3～4,每只母鹅 1 年仅能繁殖 10 多只雏鹅。就巢性不强,平均就巢数量约占全群的 20%。

第三章 肉鹅的经济杂交

第一节 杂交的意义与种类

一、杂交的意义

同一品种(或品系)的公、母鹅交配称纯种繁殖,两个不同种群的公、母鹅进行交配称为杂交。杂交产生的后代能够将各亲代的优良特性结合在一起,其生产性能比亲代表现得更好,这样的后代鹅就叫杂交鹅,又称杂种。

杂交的目的主要是提高种鹅的繁殖力,获得生活力强、抗病力高、生产性能优秀、饲料报酬高的杂交种。在现代遗传育种理论的基础上,首先培育性能优良的专门化品系,而后进行品种间的选配,从而使杂种产生强大的杂种优势。这种生产方式产生的商品鹅,生长迅速、饲料转化率高、生活力强、均匀度好,适合于高密度大群饲养。

养鹅生产要获得高的经济效益,组织性能优良的品种结构是其关键因素。不同品种或品系鹅的杂交后代,其生活力和生产力一般要比亲代强,这就是杂种优势。

鹅的商品化生产首先是在品种或品系内进行纯繁选育,使优良基因纯合固定,培育出各具特点的专门化品系,然后利用各品系的优点,取长补短,筛选出理想的杂交组合。杂交可以用来改良某一品种的缺点,培育新的品种或品系,也可以生产具有不同生产用途的商品鹅,满足不同消费者的需要。

二、杂交种类

畜牧学上,可以把杂交分为多个种类。

(一)根据杂合程度分类

1. 品系间杂交 即同一品种内不同品系间的个体交配方式,这种杂交产生的后代叫品系间杂种。虽然其后代杂合程度较低,但专门化品系间杂交的后代,生产性能很高,适用于商品性生产,这种杂种又叫杂优种。

2. 品种间杂交 即不同品种间的个体交配,这种杂交产生的后代叫品种间杂种,其杂合程度较高。如四川白鹅与莱茵鹅的杂交就是品种间杂交。

3. 远缘杂交 又称种间杂交。指在生物学分类上属于不同种或属的个体进行交配,其后代叫远缘杂种,杂合程度最高。如中国普通鸭子与番鸭的杂交、马与驴的杂交、黄牛与牦牛的杂交就是种间杂交。

(二)根据杂交目的分类

1. 生产杂交 其目的是为了获得生产性能高的商品鹅群。国外在肉用仔鹅生产、鹅肥肝生产中,经常使用这类杂交。

2. 改良杂交 将某一品种的个别优良性状通过杂交补入另一品种,以改进这一品种或品系的个别缺点。这种杂交又叫导入杂交或引入杂交。

3. 育成杂交 主要任务是通过两个或两个以上品种或品系的杂交,培育出新的品种或品系。世界上几乎所有现代品种都是通过杂交手段育成的。具体的杂交方法可以多种多样。

第二节 经济杂交的种类和方法

为了达到某种经济目的,提高后代的经济效益而进行的杂交就是经济杂交。

一、经济杂交的种类

根据杂交过程中所用亲本数量的多少及杂交方法的不同,经济杂交可分为简单经济杂交、三元经济杂交和双杂交。

(一)简单经济杂交

简单经济杂交又称二元杂交。这种杂交方式是用两个种群(品种或品系)进行杂交,其后代不论公、母都作为商品鹅上市出售。这种杂交往往要通过配合力测定试验,筛选出较优的杂交组合,从而来进行杂交生产(图3-1)。

图3-1 简单经济杂交示意图

这种方法的最大优点是操作简便,配合力测定容易,便于推广。缺点是不能利用杂种母鹅所具有的繁殖性能方面的杂种优势,厂家需要饲养两个亲本纯种鹅群,尤其是母本,对于商品生产厂家来说经济负担较重。简单经济杂交在生产上应用较广泛。例如,太湖鹅具有产蛋多、肉味鲜美的优点,农民常用它来生产肉用仔鹅。但因其体型小,仔鹅期生长速度慢,故不能适应当前市场的需要。为了提高仔鹅的生长速度及产肉性能,以四川白鹅为父本与太湖鹅进行杂交,杂种仔鹅的生长速度比纯种太湖鹅提高 15％～25％。且生活力强,易饲养,杂交母鹅的产蛋性能比两个亲本都好,具有较好的杂种优势,很受农民欢迎。

(二)三元经济杂交

就是先用两个种群杂交后所获得的杂种一代母鹅,再与第三个种群的公鹅交配,所生产的三元杂种鹅全部用作商品鹅上市,这样的杂交方式称为三元经济杂交。三元杂交生产的商品鹅的遗传基础比二元杂交丰富,其杂交模式如图 3-2。

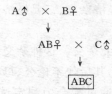

图 3-2　出血出血三元经济杂交示意图

这种杂交方式用到了个体的杂种优势和母本的杂种优势,因而杂种优势往往超过简单杂交。但是养鹅场需要饲养3 个纯种的种群,需要 2 次配合力的测定,一般养殖场较难推广。所以养殖场需要与种群场配合方可取得较好的效益。

(三)双 杂 交

双杂交即是四元经济杂交,是用 4 个品系分别两两杂交,获得两个单杂交群,然后将两个单杂交群再进行第二次杂交,产生的后代全部做商品鹅利用。这样所生产出来的杂交鹅称为四元杂交商品鹅(图 3-3)。

双杂交遗传基础更加广泛,有更多的显性优良基因互补的机会和更多的互作类型,个体和父、母本的杂种优势均可以被利用。它表现了 4 个品系的优良性能,能较好地发挥杂种优势,国外已在养鹅生产中进行应用。但是四系配套要经过两次杂交制种,从曾祖代到生产出商品代所需要的时间长,制种成本高,配合力测定困难,养鹅厂家可以和种鹅场配合起来进行生产,从而大大提高经济效益。

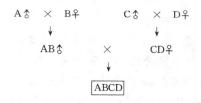

图 3-3 双杂交示意图

实际上,用 3 个或 3 个以上的品种或品系进行的杂交又常常被统称为复杂经济杂交。复杂经济杂交是在简单经济杂交的基础上,其杂交一代做商品出售时,还存在着某些缺点,或在生产过程中发现了某些问题或不足,或杂交一代的某些特点有待发挥和利用,若再引入第三个品种的某些优点,则可改进上述的缺点,或弥补某些不足。或者是在生产中,为了达到某种经济目的才采用的一种方法。用 4 个品种或品系进行组合式的配套杂交,可以获得更具经济价值的杂交后代。这种配套杂交形式在国外应用较普遍,特别是在养禽业上用得非常广泛。

二、杂交效果的计算方法

两个不同的种群进行杂交时,其杂交后代往往会产生杂种优势,不同的组合所产生的杂种优势其程度会有一定的差异,这就需要计算不同的组合所产生的杂种优势的程度。计算杂种优势的方法是杂交后代在某个性状上的平均表现值与双亲的平均值的差,再被双亲平均值除的商。计算公式为:

$$H = \frac{\overline{F}_1 - \frac{1}{2}(S+D)}{\frac{1}{2}(S+D)} \times 100\%$$

式中：H 为杂种优势

$\overline{F}_1$ 代表杂交一代某一性状平均表型值

S 代表父本品种该性状平均表型值

D 代表母本品种该性状平均表型值

从上式可以看出：H 值的大小取决于 $\overline{F}_1$ 值的大小。当 $\overline{F}_1$ 值较大、H 值是正值时,称有杂种优势;H 为负值时,称杂种劣势;H 为零时,称没有杂种优势。

计算杂种优势必须有双亲同一性状的表型值,然而在引进外来品种进行杂交时,往往没有引入种群的表型值资料。这时人们往往用一个亲本品种作为对照,这样就不能计算杂种优势率 H,但可以用杂交改进率来衡量杂交的效果。杂交改进率用 G 表示。计算公式为:

$$G = \frac{\overline{F}_1 - D}{D} \times 100\%$$

式中：G 为杂交改进率

$\overline{F}_1$ 代表杂交一代某一性状平均表型值

D 代表某一亲本该性状平均表型值

式中 G 值越大,改良作用越大;G 值若为负值,说明父本非但没有起到好的改良作用,而且还起了改坏的作用。

例如,甲品种的鹅 70 日龄平均活重为 3.5 千克,乙品种的鹅 70 日龄平均活重为 2.8 千克。将甲品种的公鹅与乙品种的母鹅交配,所生的杂交后代鹅 70 日龄平均活重为 3.3 千克。则：S＝3.5，D＝2.8，F＝3.3；所以$(\frac{S+D}{2})=3.15$，H＝(3.3－3.15)÷3.15×100％＝4.76％。即甲、乙两个品种的杂种优势率为4.76％。

又如，太湖鹅的70日龄平均日增重为35.7克，用莱茵鹅公鹅与太湖鹅母鹅进行交配，所生仔鹅70日龄平均日增重为42.8克，那么杂交改进率为 G＝(42.8－35.7)÷35.7＝19.89％。

然而，在实际生产中，不能仅凭杂交改进率的大小来决定是否采用某个外来品种，还要根据一些相关的重要性状来综合考虑。这可用综合指数法来提高总体经济效益。综合指数法是用几个主要性状的成绩分别乘上几个根据该性状在生产中作用的大小而制定的权重，综合成一个指数，然后根据综合指数的大小来评定一个杂交组合的优劣。

如用朗德鹅为父本与太湖鹅杂交时，其仔鹅70日龄活重可达3千克以上，比太湖鹅提高1千克。杂交改进率可达40％～50％，然而这两种鹅自然配种效果很差，种蛋受精率仅30％～40％。因此，制种很困难，群众无法接受，妨碍了它的应用价值。为能较全面、合理地评价杂交效果，可以采用综合选择指数的方法。例如有四川白鹅（公）×太湖鹅（母）二元杂交组合和朗德鹅（公）×太湖鹅（母）二元杂交组合，它们的种蛋受精率分别为85％和50％，受精蛋孵化率分别为85.3％和85.1％，仔鹅8周龄育成率为95.5％和95％，8周龄活重分别为3千克和3.1千克，4个性状在综合指数中的权重分别为0.3，0.1，0.15，0.45。结果川×太杂交组合综合指数为149.71，朗×太杂交组合的综合指数为139.16，川×太组合的综合指数比朗×太组合高，表明川×太组合的实际应用价值比较大。

三、杂交亲本的选择

经济杂交亲本的确定不但应该重视父、母本品种,而且还应该注意鹅的一些特种经济性状的选择。

(一)母本的选择

用来杂交的母本,应该群体数量多、产蛋数量多、个体相对较小的品种。用来杂交的父本,应选择生长速度快、饲料利用率高、胴体品质好的品种。这些性状的遗传力较高,种公鹅的这些优良特性容易遗传给杂种后代,主要经济性状的品质必须优于母本。用来杂交的父、母本,应选择产地分布距离远,来源差别大,这样的杂交后代其杂种优势明显,杂交的互补性强。

(二)特种经济性状的选择

鹅的羽毛相对于其他家禽来说是鹅的特种经济性状,是养鹅和鹅产品加工的重要收入来源之一,所以要特别注意杂交后鹅毛性状的变化规律和经济价值。由于白色羽绒的市场价高,养鹅者应注意杂交商品鹅白色羽毛均匀一致。如选用的杂交亲本中一方为白羽,一方为灰羽,则应通过试验证明羽色的显、隐性关系,从而运用遗传学知识固定白色群体的羽色。

第三节 我国主要白鹅品种的经济杂交效果

一、太湖鹅的杂交效果

分别以四川白鹅(简称川,下同)、浙东白鹅(浙)、皖西白鹅（皖）、豁眼鹅（豁）、溆浦鹅（溆）、莱茵鹅（莱）及朗德鹅（朗）等 7 个品种鹅为父本，以太湖鹅（太）为母本，进行杂交组合试验和配合力测定。所测定的杂交仔鹅的生长速度见表 3-1。

表 3-1　杂交仔鹅 70 日龄活重　（单位：千克）

年　份	浙×太	皖×太	豁×太	川×太	溆×太	莱×太	朗×太	太×太
1989	2.58	2.60	2.25	—	2.29	—	—	1.80
1990	2.86	2.68	2.18	2.72	—	—	—	2.42
1991	3.28	—	—	3.21	—	3.32	3.41	2.97

从表 3-1 可以看出，就不同杂种的生长速度来说，以朗×太杂交组合最好，莱×太次之，杂交改进率分别为 14.5％和 11.8％。

就种蛋的受精率来说，朗×太组合的种蛋受精率为 54.2％，莱×太组合为 57.3％，浙×太组合为 54.8％，川×太组合为 86.9％，太湖鹅纯繁为 90.6％。同样的杂交组合，在不同年份的生长速度也不一样，这是由饲养条件不同和亲本个体间的差异所造成的。从综合因素考虑，川×太组合具有较高的应用价值。

谢庄等（1993）利用川×太杂种母鹅产蛋性能好的优点，用它做母本，用莱茵鹅、朗德鹅、浙东白鹅为父本进行三元杂交试验，其杂交效果见表 3-2。

表 3-2 0～8周龄各龄杂交组合仔鹅体重 （单位：克）

组合	样本数	初生	1周龄	2周龄	3周龄	4周龄	5周龄	6周龄	7周龄	8周龄
大×大	30	84.0±2.64	127.8±2.30	255.4±9.39	442.3±12.81	788.7±22.55	1165.8±42.21	1621.5±54.80	2114.3±65.96	2574.9±84.15
川×大	40	84.9±2.04	129.1±3.99	256.4±7.06	446.5±13.0	813.8±23.33	1215.3±35.03	1741.0±49.62	2287.0±68.85	2779.8±86.35
浙×大	19	91.3±2.89	140.1±5.11	257.6±10.58	472.4±14.52	878.6±33.26	1297.5±58.05	1771.4±58.93	2291.4±91.47	2729±123.66
莱×川大	31	84.5±2.81	150.6±3.96	316.9±7.81	631.7±19.84	1172.6±32.11	1715.9±45.97	2414.2±74.49	3084.8±96.31	3685.8±96.23
朗×川大	21	82.5±2.53	148.6±6.45	329.0±11.26	644.5±21.33	1201.1±36.19	1783.6±54.61	2385.7±72.55	2967.9±112.16	3503.6±130.83

由表 3-2 可见,8 周龄时,莱×川太三元杂交的后代生长速度最快,活重比川×太二元杂交后代多 906 克,比太湖鹅多 1 110.9 克,提高了 43.1%。莱×川太三元杂种仔鹅在放牧饲养条件下觅食力强,耐粗饲,生长快,抗逆性好。虽然仔鹅羽毛在出壳时 85% 背上有灰斑,但第一次换毛后即全身白羽,不影响以后的经济效益,这一杂交组合深受广大群众的欢迎。另外,朗×川太组合后代的生长速度也很快。

二、豁眼鹅的杂交效果

用太湖鹅、四川白鹅、皖西白鹅 3 个品种的公鹅做父本,用豁眼鹅做母本进行杂交试验。结果见表 3-3。

表 3-3　70 日龄时各杂交组合后代的屠宰成绩　(单位:克)

杂交组合	活重	屠体重	半净膛重	全净膛重	肝重	肌胃重	腿肌重	腹脂重
太×豁	3083.3	2720.7	2532.5	2269.0	63.0	66.7	610.0	30.0
川×豁	3398.0	2950.0	2758.0	2553.0	60.0	87.0	593.1	23.2
皖×豁	3318.0	2792.0	2687.2	2548.0	85.1	111.0	643.1	28.0
豁×豁	3175.0	2893.0	2582.3	2355.1	63.0	88.0	662.0	35.0

由表 3-3 可见,70 日龄活重以川×豁杂交组合的后代平均重最大,达 3 398 克,比豁眼鹅纯繁对照组重 233 克,杂交改进率为 7%;其次是皖×豁组合,杂交改进率为 4.5%;太×豁杂交组合最差。浙东白鹅(公)×豁眼鹅(母)的二元杂交组合的杂交一代仔鹅 70 日龄活重为 3 223.7 克,杂交改进率为 1.53%。朗德鹅(公)×豁眼鹅(母)杂交组合其杂交一代仔鹅 70 日龄活重达 3 485.1 克,杂交改进率为 9.77%。

豁眼鹅是世界上已知鹅种中产蛋最多的品种,这是我国家禽中宝贵的品种资源。杨茂成等(1993)以豁眼鹅为母本，以四川白鹅、皖西白鹅、太湖鹅为父本进行的杂交组合试验表明，以豁眼鹅作为母本是适宜的，它可以作为杂交母本在适宜的地区推广饲养，以开展经济杂交生产肉用仔鹅，满足市场需要。它的优良父本是四川白鹅和皖西白鹅，其杂交后代 60 日龄活重都达到 3.5 千克。尤其是四川白鹅，具有较好的父本效应，可考虑作为杂交父本推广。

此外，广东省为了保持清远鹅肉质好的特点，又克服其产蛋少的缺点，用豁眼鹅做母本与清远鹅杂交，再用杂交一代做母本，又用清远鹅做父本，进行回交，所产生的回交后代保持了清远鹅肉质好的特点，满足了广东省及港、澳特区消费者的口味，取得了较好的效果。同时，由于杂交一代母鹅的产蛋性能好，用做回交母本提高了繁殖性能。

三、皖西白鹅的杂交效果

皖西白鹅是中型鹅种，仔鹅生长速度快，羽绒产量高，很早就被人们看中。用来做父本，与当地体型较小的母鹅杂交，以加快当地品种的生长速度。

利用繁殖性能高的四川白鹅、太湖鹅、豁眼鹅分别做父本，以皖西白鹅为母本进行杂交，再用 3 个杂交组杂交一代为母本，以皖西白鹅为父本进行回交，研究杂交对皖西白鹅繁殖性能的影响。结果表明四川白鹅、豁眼鹅与皖西白鹅杂交，其后代繁殖性能提高了，其中川皖通过杂交可提高皖西白鹅的繁殖性能，降低肉用仔鹅的生产成本，促进了皖西白鹅产业的发展。

四、四川白鹅的杂交效果

四川白鹅属中型鹅,但体型偏小。具有适应性广,抗病力强,耐粗饲,既能放牧,又可圈养的特点。在增重、生长速度和繁殖性状等方面,四川白鹅作为母本与许多中型鹅如我国的皖西白鹅,国外的朗德鹅、莱茵鹅等进行经济杂交,均表现出强大的杂种优势;与一些小型鹅品种杂交,也表现出程度不同的杂种优势(李建华,中国家禽,2003)。

在放牧加补饲条件下,10周龄体重、平均相对生长强度、精料比,莱×川分别为3980克,192.6%,1.28:1;浙×川分别为3720.8克,190.7%,1.28:1;川×川分别为3572.5克,191.3%,1.4:1,莱×川是生产肉仔鹅的较优杂交组合。朗德鹅×四川白鹅及皖西白鹅×四川白鹅在放牧饲养的条件下,10周龄时朗川组合(3636克)及皖川组合(3447克)的增重显著高于四川白鹅(3299克),这两种杂交组合对四川白鹅的生长速度有较大的改进作用。莱茵鹅×(四川白鹅×太湖鹅),10周龄时体重为3512.45克,远高于川太组合的2850.3克和太湖鹅纯繁的2543.33克。

用浙东白鹅、莱茵鹅做父本,组成浙×川、莱×川两个杂交组合,结果表明,莱×川杂交组合的后代有较快的生长速度,70日龄活重可达3980克,杂种优势率为4.9%。浙×川杂交组合后代的生长速度也较快,70日龄活重可达3720.8克,比四川白鹅纯种多148.3克,其杂交改进率为4.2%。这2个品种对四川白鹅都有一定的改良作用。上述2个杂交组合的种蛋受精率莱×川组合为77.05%,浙×川组合为80.94%。受精蛋的孵化率均在90%以上。对太湖鹅、四川白鹅、皖西白鹅、豁眼鹅等我国主要白鹅品种杂交组合的特殊配合力的研究表明,70 日龄的屠体重、半净膛率、全净膛率 3 个性状以川×豁组合最好;70 日龄屠体性状,豁×川具有最大的特殊配合力(217.8 克)。

在放牧条件下,84 日龄时,朗×川组合全净膛重(2 542 克)高于四川白鹅(2 420 克)。舍饲 70 日龄时,豁×川全净膛率(69.60%)高于四川白鹅(65.93%)。

五、浙东白鹅的杂交效果

浙东白鹅属白羽、中型鹅种的优良地方品种,以其早期生长迅速、肉质鲜美、经济性状好而闻名。

由于浙东白鹅产蛋量少,不宜做杂交母本,而通常做父本使用。浙东白鹅的体型及早期生长速度都优于四川白鹅,所以在与四川白鹅杂交时,有 5%左右的杂交改进率。

20 世纪 70 年代人们就发现浙东白鹅与太湖鹅、豁眼鹅等小型品种杂交时,对小型鹅种有很好的改良作用。在以浙东白鹅做父本,以太湖鹅做母本进行杂交时,杂交鹅的生长都比太湖鹅快,平均杂交改进率在 20%左右,是一个较好的杂交组合。但是由于浙东白鹅的公鹅体型大,其与太湖鹅的体重相差悬殊,影响自然交配,自然交配种蛋的受精率平均为40%~50%,达不到大规模饲养时对种蛋受精率的要求。因此,如果用于规模化杂交,尚需要采用人工授精的方法。

第四节　提高杂交效果的措施

鹅的经济杂交效果如何,不但取决于性状的遗传力、杂种的杂合程度、亲本的配合力等内因,而且也与杂种所处的环境条件等诸多因素有关。因此,要提高杂种优势必须从多方面入手,综合考虑各影响因素。

一、明确杂交的目的

杂交的目的(肉用、生产肥肝或产绒)是经济杂交方向,一定要把握好。因为并不是任何不同的种群杂交都具有杂种优势或所需要的优势性状,也并不是杂种后代所有性状都是优良的。所以,杂交之前应根据市场需求确定哪些是需要改良的性状,制定合理的杂交目的。

二、合理选择杂交亲本

第一,亲本的选择,应考虑亲本的种质遗传性能。亲本的遗传性能决定了杂种的性能,不同品种的鹅其种质特性差异较大,一般而言,大型鹅种其生长速度较快,产肝性能好,但繁殖性能普遍较低;相反,小型鹅种的产蛋量、受精率、孵化率等繁殖性状要高得多。但产肉性能、产肝性能等却较低。因此,应根据不同的生产目的,选择不同的种群进行杂交。例如,生产肥肝用鹅,可选择欧洲大、中型鹅种做父本,用中国小型鹅种做母本,进行杂交生产,以取得较高的经济效益。

第二,在选择亲本时,应考虑种群的分布距离和亲缘关系,一般选择彼此差异大、分布地区距离较远、亲缘关系也较远的品种杂交。如豁眼鹅产于北方,产蛋多;狮头鹅产于南方,体型大,产肥肝性能好。用狮头鹅做父本,豁眼鹅做母本,杂交一代所产肥肝的效果就非常明显。

第三,选择亲本时,最好先做配合力测定试验。配合力分一般配合力和特殊配合力。一般遗传力高的性状,各组合的特殊配合力不会有很大差异。所以提高特殊配合力在于杂交组合选择,从配合力测定中选出杂种优势强大的配套组合投入生产,是较规范和科学的做法。

三、加强亲本品种(系)的纯种选育

亲本纯合度越高,杂种一代的整齐度就越高。亲本生产性能的提高对杂种一代起着改良作用,性状的杂种优势与亲本间同一性状的差异呈正比。所以,加强亲本的选育对提高种群杂交所产生的杂种优势具有重要作用。

四、选择合适的经济杂交方式

参与配套的品系多,遗传基础更广泛。能把各个种群的优良性状综合起来,商品代杂种优势更强大。但参与杂交的品系越多,品系繁育保种、制种的费用也越多,到达商品代距离所花的时间也越长。因此,应根据制定的杂交目的结合本地区、本养殖场的实际情况,及场内、外配套繁育体系选择合适的杂交方式。一般就杂种优势而言,培育专门化品系,采用配套的三系或二元、四元或四系杂交,效果最好。

五、提供适宜的外界条件

生产中实际表现出的杂种优势是由遗传和环境共同决定的。因此,创造良好的环境条件是杂种由遗传优势转化为表型优势的关键。在环境条件中,饲养管理条件特别是饲料条件是最主要的。应根据不同杂种,在不同的生长发育时期,满足其对饲料的不同需要。

六、建立起完善的繁育体系

为了获得长期的杂种优势,经济杂交必须有计划、有步骤地进行。这不仅是指杂交繁育要有计划,而且要把杂交繁育

计划分别落实到不同的繁殖育种单位,使不同的单位承担的任务有分工、有协作、有计划地进行。我国现代商品杂交鹅的繁育体系尚不完善和成熟,尤其是在很多地区场间配套体系不健全。因此,在进行养鹅生产时,应调查好当地的繁育资源,建立合理的场间场内配套繁育体系,确保获得较好的经济效益。

总之,养鹅生产是一个复杂的系统工程,要获得最好的杂种优势,最高的经济效益,就应充分了解不同鹅的种群的种质遗传性能和当地的社会环境条件,综合考虑各方面的短期效益和长远影响,运用科学的方法进行养鹅生产。

第四章　肉鹅的营养与饲料

将饲料高效转化为鹅产品的过程是养鹅生产的目的。要想发挥鹅的最大生长潜力,首先就必须了解鹅的营养需要和各种饲料的营养成分及其含量,然后根据现代饲料配方技术合理科学地配制出经济实用的饲料。

第一节　鹅的营养需要

鹅的营养需要,概括起来主要是能量、蛋白质、矿物质、维生素和水的需要。

一、能　量

鹅的一切生理过程,包括运动、呼吸、循环、吸收、排泄、神经活动、繁殖、体温调节等,都需要消耗能量。饲料中碳水化合物和脂肪是能量的主要来源,蛋白质亦可分解产生热能。

碳水化合物的主要作用是供给热能并能将多余部分转化为体内脂肪。碳水化合物由碳、氢、氧3种元素组成,为机体活动能源的主要来源,也是体组织中糖蛋白、糖脂的组成部分。饲料中每1克碳水化合物含能量为17.35千焦。碳水化合物包括淀粉、糖类和粗纤维。碳水化合物的主要来源是植物性饲料如谷实类、糠麸类、多汁饲料等。鹅对粗纤维有较强的消化能力,粗纤维可供给鹅所需要的部分能量。肉用仔鹅日粮中纤维素含量以5%～7%为宜。鹅是食草节粮型家禽,成年鹅对粗纤维消化能力很强,据测定可达40%～50%。因此,可在种鹅的日粮中适当提高粗纤维含量的比例。

脂肪在鹅体内的作用是提供能量,其热能比相同重量的碳水化合物高 2.25 倍。饲料中 1 克脂肪含能量为 39.29 千焦。饲料中所含的脂类物质除用作能量外,还提供必需脂肪酸如亚油酸等。如果脂类物质缺乏将导致代谢紊乱,表现为皮肤病变、羽毛无光泽且干燥、生长缓慢和繁殖力下降等。鹅所需要的脂肪并不多,所以饲料中一般不必加喂脂肪,营养需要上也可不加考虑。

鹅同大多数动物一样可以通过调节采食量来满足能量的需要。日粮能量高时鹅的采食量会少一些,反之则多一些。日粮的能量大部分消耗在维持需要上,并且环境温度对能量需要的影响很大。初生雏鹅在 32℃ 时产生的热能最低,在气温 23.9℃ 环境下产热比在 32℃ 环境下多 1 倍,成年鹅最低的基础代谢产热量在 18.3℃～23.9℃,如果环境温度低于 12.8℃,则大量的饲料用来维持体温。因此,在冬季应提高日粮的能量浓度,同时适当提高其他营养素的浓度,以满足鹅生产所需的各种营养物质;而在夏季则应适当降低日粮中的能量浓度。

鹅对能量的需要量,普遍采用代谢能来表示。饲料总能减去粪能、可燃气体以及尿中的能量后,剩下的总称为代谢能。代谢能减去鹅体内代谢过程中引起机体增热所消耗的能量,即为净能。净能一部分用于维持生命活动,一部分用于生产,形成肉、蛋、羽毛及生长发育等。

二、蛋 白 质

蛋白质含碳、氢、氧、氮和硫等元素,由 20 余种氨基酸组成,是复杂的有机化合物。是构成鹅体肌肉、各种组织器官、血液、骨骼、皮肤、羽毛的重要物质。生命活动中的组织修补更新，精子和卵子的形成，都需要蛋白质参与。雏鹅生长需要足量的蛋白质作为基本材料。蛋白质还是体内各种酶、激素和抗体的主要成分，它们对维持动物体正常的生理功能和健康具有重要的作用，而且不能由其他营养物质所代替，是维持生命、进行生产所必需的养分。蛋白质是由氨基酸组成的，目前已知的氨基酸有 20 多种，分成必需氨基酸和非必需氨基酸两大类。

必需氨基酸是指畜禽体内不能合成，或是合成量不能满足需要，必须由饲料供应的氨基酸。肉鹅的必需氨基酸有：赖氨酸、蛋氨酸、异亮氨酸、精氨酸、色氨酸、苏氨酸、苯丙氨酸、组氨酸、缬氨酸、亮氨酸和甘氨酸。在养鹅实践中，用一般的谷物与饼粕类饲料配合日粮时，蛋氨酸、赖氨酸、精氨酸等常常达不到营养标准所需要的量。必需氨基酸不足时，雏鹅食欲不佳，生长缓慢，羽毛生长不良，不能达到预期的体重。

非必需氨基酸是指畜禽体内能用其他氨基酸或非蛋白质含氮物来合成，不必由饲料来供应的氨基酸。对于家禽来说仍有必要供应非必需氨基酸，因为如果饲料中缺乏非必需氨基酸的话，鹅体内势必会用必需氨基酸来合成非必需氨基酸，这样，就造成了必需氨基酸的浪费。例如，蛋氨酸可以合成胱氨酸，苯丙氨酸可转变为酪氨酸，胱氨酸和酪氨酸都是非必需氨基酸。而必需氨基酸一般来说价格都比较昂贵，所以在鹅的日粮中添加一定量的非必需氨基酸可以降低生产成本。在生产上，为减少蛋氨酸和苯丙氨酸的需要量，也有将胱氨酸、酪氨酸列为必需氨基酸的。

然而，鹅对蛋白质的要求没有鸡、鸭那么高，对日粮蛋白质水平的变化也没有对能量水平变化的反应那么明显。一般认为对种公鹅、种母鹅,特别是对雏鹅来说,日粮蛋白质水平很重要。蛋白质水平过低,会严重影响种公鹅精液品质和种蛋的孵化率、受精率,以及雏鹅的生长和遗传潜力的发挥。正常情况下,成年鹅饲料粗蛋白质含量控制在18%左右为宜,这一水平的粗蛋白质含量能提高鹅的产蛋性能和配种能力。雏鹅日粮中粗蛋白质含量达到20%左右就能满足需要。

鹅补充的混合饲料常用的有玉米、小麦、麸皮和米糠等,这些原料中的赖氨酸、蛋氨酸、色氨酸均不足。而豆饼的赖氨酸、鱼粉的各种氨基酸含量均很丰富,如将这些饲料原料合理搭配,使其所含各种氨基酸处于均衡状态,可显著提高日粮蛋白质的利用效率。另外,在氨基酸平衡的前提下,适当降低一些蛋白质水平对生产并无不良影响,还可节约成本,减少鹅粪便中氮对环境的污染。

根据以上原理,在日粮配合时,不仅要保证必需氨基酸的平衡,而且还要保证饲料中蛋白质数量的充足。但是,蛋白质也不能太多,蛋白质过量不但造成浪费,而且会引起鹅代谢病的发生。所以,在养鹅时要根据鹅的营养需要合理配合日粮,以保证有较高的经济效益。

三、矿 物 质

矿物质是鹅骨骼、组织、器官、蛋壳、血液等的重要成分,并具有调节渗透压、保持酸碱平衡、激活酶系统的作用。是保证鹅体健康、雏鹅正常生长发育所必需的营养物质。

按各种矿物质在动物体内的含量不同,矿物质可分为常量元素与微量元素两大类。常量元素是指占动物体重0.01%以上的元素,包括钙、磷、钠、氯、钾和硫等元素。微量元素则是指占动物体重0.01%以下的元素,主要包括铁、铜、锰、锌、碘、钴、硒、铬和钼等。当某种必需元素缺少或不足时，会导致动物体内物质代谢的严重障碍，并降低生产力，甚至引起死亡；但某些必需元素过量时又能引起机体代谢紊乱，甚至中毒死亡。

矿物质总量占畜禽体重的3％～4％，其中钙约为体重的2％，磷约占体重的1％。钙和磷占全部矿物质的70％以上，是最重要的两种元素。钙和磷主要以磷酸盐、碳酸盐形式存在于各种器官、组织、血液、骨骼和蛋壳中。氯与钠在血液、胃液和其他体液内含量较多，是维持组织正常生理活动不可缺少的物质。据分析，鹅骨骼中氧化钙占51.01％，五氧化二磷占38.16％。钙除构成骨骼和蛋壳外，对维持神经和肌肉的正常生理活动起着重要作用。钙、磷不足时雏鹅生长受阻，容易发生软骨病，特别在雏鹅30～50日龄时软骨病最易发生。因此，应特别注意在雏鹅的饲料中补充钙和磷。

鹅与其他畜禽一样，不仅对各种矿物质有数量上的需要，而且要求彼此比例合适。如钙、磷之比，成年鹅约为3∶1，雏鹅约为2∶1。种鹅日粮中含钙量应为2％稍多一点，含磷量0.7％左右，含盐量0.4％左右。钙、磷的无机盐比有机盐易被机体利用。谷实类及其加工副产品中的磷50％以上是以有机磷的形式结合在植酸盐中的，家禽对其中磷的利用率很低。其他常量或微量元素，也要求有一定的含量和比例。谷物等植物饲料中总磷含量虽高，但大部分为植酸磷，有效磷很少。骨粉中磷含量丰富，比例合适；石粉、贝壳粉中含钙多，常用作鹅的矿物质饲料。

钠、钾和氯都是维持正常生理活动不可缺少的元素。钠主要分布在细胞外，大量存在于体液中；钾主要分布在肌肉和神经细胞内；氯在细胞内外均有，其主要功能是作为电解质维持体液的渗透压,调节酸碱平衡,控制水的代谢;可为各种酶提供有利于发挥作用的环境或作为酶的活化因子。钠对传导神经冲动和营养物质吸收起重要作用;细胞内钾与许多代谢有关。三者中任何一种元素缺乏均表现出生长速度缓慢,采食量下降,饲料利用率低,生产力下降。植物性饲料中含有的钾足够满足鹅正常生长所需要的量;钠和氯在植物性饲料中含量较少,动物性饲料中稍多,但一般都不能满足鹅的需要,因此在日粮中必须补充适量的食盐。但日粮中含盐量过大将造成鹅的盐中毒,如一些不合格的鱼粉中食盐含量较多,日粮中添加这些鱼粉很容易引起食盐中毒。

锰与骨骼生长、蛋壳强度和繁殖性能有关,在碳水化合物、脂类、蛋白质和胆固醇代谢及维持大脑正常代谢中起重要作用。锰不足时,雏鹅生长发育受阻,骨粗短,成年鹅的产蛋率和蛋的孵化率下降,钙、磷过量时影响锰的吸收,可用硫酸锰进行补充。

锌对鹅的生长发育和繁殖性能影响较大,是鹅体内多种酶的成分。锌缺乏时鹅生长缓慢,羽毛、皮肤生长不良,产蛋下降,孵化时出现畸胎。但锌过量时会引起鹅食欲下降,羽毛脱落,停止产蛋。麸皮中锰和锌含量较多。日粮中缺乏时可添加硫酸锌。

铜和铁共同参与血红蛋白和肌红蛋白的形成。如果日粮中缺铜就会出现鹅贫血、生长缓慢、被毛品质下降,骨骼发育异常,产蛋率下降,种蛋孵化过程中胚胎死亡多等症状。一般情况下日粮中不会缺乏铜,铜的主要补充形式是硫酸铜。缺乏铁最主要的表现是贫血。放牧饲养的鹅能采食含铁较多的青绿饲料,舍饲的鹅应注意从日粮中补充。目前铁的主要补充形式是在日粮中添加硫酸亚铁。

碘是甲状腺的组成成分,碘调节体内代谢和维持体内热平衡,对繁殖、生长发育、红细胞生成和血液循环起调控作用。缺碘会引起甲状腺肿大。可以通过在日粮中添加碘化钾或碘酸钙来补充碘。

硒参与谷胱甘肽过氧化物酶组成,保护细胞膜结构完整和功能正常,有助于各类维生素的吸收,还能与维生素 E 协同作用。缺硒易引起渗出性素质病。可以通过补充亚硒酸钠预防和治疗缺硒症。但鹅对硒的需要量很少,而过量硒易引起鹅中毒,因此饲粮中加硒时应谨慎。

四、维生素

维生素虽然不是能量的来源,也不是构成组织的主要物质,但它是鹅正常生长、繁殖、生产以及维持健康所必需的营养物质。其作用主要是调节、控制代谢,不同维生素作用不一样。肉鹅生长过程中需要 13 种维生素,属于脂溶性的有 4 种,即维生素 A、维生素 D、维生素 E 和维生素 K;属于水溶性的有 9 种,即硫胺素(维生素 B_1)、核黄素(维生素 B_2)、吡哆醇(维生素 B_6)、泛酸(维生素 B_3)、叶酸(维生素 B_{11})、维生素 B_{12}、烟酸(维生素 B_5)、胆碱和生物素。

脂溶性维生素可以贮存在动物体组织尤其是肝脏中,短期供应不足对动物的健康和生产力影响不大,而水溶性 B 族维生素在体内存量很少,必须经常供应。它们的需要量很少,仅占饲粮的万分之一至亿分之一,但生理功能却很大,哪怕缺少一点点,都会造成畜禽生长发育受阻,生产性能下降,甚至死亡。

维生素 A 能促进雏鹅的生长发育,维持上皮组织结构健全,增进食欲,增强对疾病的抵抗力,增加视色素,保护视力,参与性激素形成。缺乏维生素 A 时鹅生长发育缓慢,蛋的孵化率下降,雏鹅步态不稳。鱼粉中含有很多维生素 A。各种青绿饲料含有丰富的胡萝卜素,畜禽能将胡萝卜素转变成维生素 A。肉用仔鹅应多喂青绿饲料。

维生素 D 参与钙、磷代谢,促进肠道对钙、磷的吸收和在体内的存留,提高血液钙、磷水平,促进骨的钙化,有利于骨骼生长。维生素 D 是十几种固醇的总称。其中以维生素 D_2 和维生素 D_3 最重要。晒太阳是维生素 D 的重要来源,所以畜禽能经常晒太阳就不会缺乏维生素 D。饲料中维生素 D 缺乏时雏鹅生长发育不良,腿畸形,患佝偻病,母鹅产蛋量和蛋的孵化率都会下降,蛋壳薄而脆。对鹅而言,维生素 D 的主要利用形式是维生素 D_3,而维生素 D_3 主要来源于鱼肝油、维生素 D 制剂等。

维生素 E 促进性腺发育和促进生殖,参与核酸代谢及酶的氧化还原,有抗氧化、解毒和保护肝脏、增强机体对疾病抵抗力的作用。缺乏维生素 E 时母鹅繁殖功能紊乱,公鹅睾丸退化,种蛋受精率、孵化率下降,胚胎退化,雏鹅脑软化,肾退化,患白肌病及渗出性素质病,免疫力下降。维生素 E 主要来源于小麦、苜蓿草粉和维生素 E 制剂。

维生素 K 催化肝脏中凝血酶原及凝血素的合成。由于鹅血液中无血小板维持血凝功能,需外源供给维生素 K。维生素 K 能维持正常的凝血时间,维生素 K 缺乏时鹅易患出血症,凝血时间延长。维生素 K 主要来源于青绿多汁饲料、鱼粉和维生素 K 制剂。

维生素 B_1、维生素 B_2、维生素 B_{12} 等的主要功能是参与鹅体内的消化代谢,对鹅的生长发育及繁殖起重要作用。在动物性饲料不足时,用维生素 B_{12} 弥补动物蛋白质的不足有一定的效果。因此,维生素 B_{12} 被称为动物蛋白因子。

维生素 B_1 又名硫胺素,主要功能是控制鹅体内水分的代谢,参与能量代谢,维持神经组织和心脏的正常功能,维持肠蠕动和消化道内脂肪的吸收。维生素 B_1 缺乏时可导致鹅食欲减退,消化不良,发育不全,引起多发性神经炎,生殖器官萎缩并产生神经性紊乱,频繁痉挛,繁殖力降低或丧失。酵母是硫胺素最丰富的来源。另外,谷物、青绿饲料、肝、肾等动物产品中维生素 B_1 的含量也很丰富。

维生素 B_2 又名核黄素,主要功能是作为辅酶参与碳水化合物、脂类和蛋白质的代谢。缺乏时鹅的足爪向内弯曲,用跗关节行走,腿麻痹,腹泻,产蛋量和蛋的孵化率下降,孵化过程中死胚增加等。维生素 B_2 主要来源于苜蓿粉、动物性蛋白质和核黄素制剂等。

烟酸又称尼克酸,是辅酶 I 和辅酶 II 的成分,与能量和蛋白质代谢有关。主要功能是作为辅酶参与碳水化合物、脂类和蛋白质的代谢,并可维持皮肤和消化器官的正常功能。缺乏时成年鹅跖骨粗短,关节肿大等;雏鹅口腔和食管上部发炎,羽毛粗乱,成鹅脱羽,产蛋及蛋的孵化率下降。一般需将化学合成制剂加入饲料中,最好的烟酸主要来源于肝、酵母、麦麸和青草等。

维生素 B_6(吡哆醇)在禽体内主要功能是作为辅酶参与蛋白质、脂肪、碳水化合物的代谢。严重缺乏时可导致鹅抽筋,盲目跑动,甚至死亡。部分缺乏时使产蛋率和蛋的孵化率下降,雏鹅生长受阻,易患皮肤病。维生素 B_6 广泛分布于饲料中,谷物、苜蓿、肉和鱼类产品等都含有适量的维生素 B_6。

泛酸是辅酶 A 的成分,主要是参与蛋白质、氨基酸、碳水化合物、脂肪的代谢。缺乏泛酸时容易导致鹅生长缓慢,羽毛松乱,眼睑黏着,嘴角、眼角和肛门周围出现结痂,胚胎死亡率较高,易患皮肤病。最好的泛酸来源是酵母及发酵存留物、苜蓿、动物性饲料、干青饲料等。

生物素又名维生素 H,以辅酶的形式广泛参与碳水化合物、脂类和蛋白质的代谢,在中间代谢过程中是催化许多酶的辅酶。缺乏时一般表现为发育不良,生长停滞,蛋的孵化率降低,鹅骨骼畸形,跖骨粗短,爪、喙及眼周围易发生皮炎。生物素主要来源于青绿多汁饲料、谷物、豆饼、干酵母以及生物素制剂等。

维生素 B_{12} 与核酸、甲基合成代谢有关,直接影响蛋白质代谢。是一个结构最复杂、惟一含有金属元素(钴)的维生素。它主要是促进红细胞的形成和维持神经系统的完整,作为辅酶参与多种代谢。维生素 B_{12} 缺乏时雏鹅生长速度减慢,母鹅产蛋量下降,种蛋孵化率降低,脂肪沉积于肝脏并出现出血症状,称为脂肪肝出血综合征。维生素 B_{12} 主要来源于动物性蛋白质饲料和维生素 B_{12} 制剂。

叶酸的主要功能是参与蛋白质和核酸的代谢,与维生素 C、维生素 B_{12} 共同参与核蛋白代谢,促进红细胞、血红蛋白及抗体的生成。缺乏叶酸时鹅易引起贫血、生长慢、羽毛蓬乱、骨粗短、蛋的孵化率降低。叶酸主要来源于动物性饲料、苜蓿粉、豆饼等。包括鹅在内的家禽必须通过日粮提供叶酸。

维生素 C 又名抗坏血酸,参加氧化还原反应和胶原蛋白的合成,与血凝有关,增强机体的抗病力,对于降低应激效果较好。维生素 C 缺乏时,鹅的黏膜会自发性出血,鹅易患传染病,蛋壳硬度降低。鹅体内能合成维生素 C。青绿饲料中含有丰富的维生素 C。

胆碱是卵磷脂的组成部分,为合成乙酰胆碱和磷脂的必需物,能刺激抗体生成。缺乏胆碱时鹅生长迟缓、骨粗短,雏鹅共济失调,脂肪代谢障碍,易发生脂肪肝。鹅体内不能通过蛋氨酸合成胆碱,完全依赖于外源供给。因此,鹅对胆碱的需求比哺乳动物大。胆碱主要来源于鱼产品等动物性饲料、大豆粉、氯化胆碱制剂等。

青绿饲料是维生素的主要来源。鹅对青绿饲料有特别的需求。因此,在放牧条件下,一般不易缺乏维生素。在舍饲且青饲料不足的情况下,易缺乏的有维生素 A、维生素 B_2 和维生素 D_3。应酌情补充相应所缺的维生素,但补充量要适当,过多会产生不利影响。

五、水 分

水约占鹅体重的 70%,是鹅体的重要组成成分,是各种营养物质的溶剂,参与鹅所有的生命活动,是鹅体进行生理活动的基础。水还参与鹅体内的物质代谢,参与营养物质或分解产物的运输,能缓冲体液的突然变化,帮助调节体温。因此,必须经常满足鹅对水分的需要。

据测定,鹅吃 1 克饲料要饮水 3.7 毫升,在气温 12℃～16℃时,鹅平均每天饮水 1 000 毫升。仔鹅若脱水 5%,食欲就会减退;脱水 10% 时,其生理活动就发生严重失常;失水达 20% 时,就可引起死亡。在正常情况下,鹅一旦发生脱水,应实行渐进性补水,在饮水中加入少量食盐,防止暴饮而发生水中毒。

鹅体水分的来源是饮水、饲料含水和代谢水。俗话说,"好草好水养肥鹅",说明水对鹅是非常重要的。由于鹅是水禽,一般都养在靠水的地方,在放牧中也常放水,故不容易发生缺水现象。但集约化饲养或舍饲时,应当注意保证满足鹅对饮水的需要。除保持充足清洁的饮水外，还应有一定水面的运动场，才能维持鹅正常的生长发育和生殖。

第二节　鹅的饲料

鹅喜食青草和水草，耐粗饲。在以青、粗饲料为主，加喂适量精料的条件下，就能达到良好的饲养效果。不同饲料原料所含营养成分的数量及其消化利用率差异很大。了解各种饲料的营养及其特点，对于合理地调配和加工配合日粮，提高饲料的营养价值，降低饲养成本，具有重要意义。鹅的饲料种类很多，按其性质，可分为能量饲料、蛋白质饲料、青绿饲料、矿物质饲料和添加剂等 5 类。

一、能量饲料

凡 1 千克饲料干物质中含消化能 10.46 兆焦以上的饲料属能量饲料。一般来说能量饲料干物质中粗纤维含量在18％以下，粗蛋白质含量在 20％以下。养鹅常用的能量饲料主要包括谷实类、块根块茎类和油、粮加工副产品等。谷实类主要有玉米、高粱、小麦、大麦、稻谷等，块根、块茎和瓜类主要包括甘薯、马铃薯、甜菜、胡萝卜和南瓜等，粮食加工副产品主要有米糠、小麦麸和糟渣等。

（一）玉米　含代谢能高，每千克为 13.56 兆焦，粗纤维少，适口性好，是配合饲料的主要原料之一。黄玉米所含的胡萝卜素和叶黄素比白玉米多，所以营养价值高。玉米中含蛋白质少，一般仅为 7.8％～8.7％，而且蛋白质的质量较差，色氨酸和赖氨酸不足，钙、磷等矿物质的含量也低于其他谷实类饲料。缺硒地区生产的玉米要注意补硒。玉米含有丰富的淀粉,粗脂肪亦较高,是高能量的饲料。它还含有较多的维生素,粗纤维少,适口性强,易消化,是养肉鹅的好饲料。

(二)稻谷 含代谢能低于玉米,每千克为 11 兆焦。外壳占干物质的 20%以上,但鹅消化粗纤维能力较强,因此稻谷是水稻产区鹅的主要能量饲料。稻谷含优质淀粉,适口性好,易消化,但缺乏维生素 A 和维生素 D,饲养效果不及玉米。稻谷在鹅日粮中可占 30%～50%。

(三)小麦 小麦含能量、蛋白质在谷类饲料中都比较高,B 族维生素较丰富,适口性好。但维生素 A 和维生素 D 及钙的含量较低。小麦可占日粮的 20%左右。

(四)高粱 高粱含有鞣酸,味涩,消化率低,饲喂效果稍差,最好经过粉碎或水浸发芽处理才容易消化。一般要与其他饲料搭配使用,在日粮中所占比例不能超过 20%。否则,所配制的日粮适口性差。

(五)米糠 糙米加工的副产品。它的营养价值与米的加工精度有关。富含粗脂肪,贮存过久米糠中的脂肪易氧化变质,适口性会变差,所以配制日粮时要用新鲜的米糠。米糠中 B 族维生素含量较高,钙与磷比例不合适,为 1∶22。

(六)小米 含有优质蛋白质和 B 族维生素,黄色小米还含有维生素 A 和维生素 D,营养丰富,适口性好,是雏鹅的理想饲料,尤其是雏鹅开食的好饲料。

(七)碎米 碾谷后去谷壳,筛出的细米粒,俗称碎米。淀粉含量很高,易消化,适口性好,南方常用其做雏鹅的开食料。碎米中缺乏维生素,宜混合青绿饲料一起使用。

(八)小麦麸 又称麸皮,含有较多淀粉、粗蛋白质及粗纤维,富含维生素 B_2、维生素 E 和磷。但钙的含量偏低,饲用时应注意补钙。在肉鹅的日粮中麸皮不宜超过 10%。麸皮质地疏松,适口性好,并有轻泻作用。

(九)大麦 其营养价值与玉米、小麦大致相同。一般可占日粮配比的 20%～30%。

(十)块根、块茎类 有甘薯、马铃薯、胡萝卜等。甘薯适口性好,适合鲜喂。

(十一)瓜菜 主要有南瓜。鲜喂为好。

(十二)糟渣 有酒糟、粉渣、甜菜渣等。糟渣含水分80%以上,不宜久贮,要限量饲喂。

能量饲料绝大多数属于谷物子实及其副产品,能量丰富,粗纤维低,易于消化吸收,但营养成分往往不平衡,成本价格较高,因此一般不大量饲喂。在放牧条件下,仅用少量能量饲料补饲。在舍饲条件下,如果青绿饲料充足,也仅作补饲;如果舍饲时青绿饲料缺乏,或者为了短期催肥,可以适当多用能量饲料。能量饲料在日粮中所占比例为 50%～60%。

二、蛋白质饲料

饲料干物质中粗蛋白质含量在 20%以上、粗纤维含量在18%以下的饲料称为蛋白质饲料。按蛋白质来源,蛋白质饲料可分为植物性蛋白质饲料和动物性蛋白质饲料两类。

(一)植物性蛋白质饲料 有大豆饼(粕)、花生饼(粕)、向日葵饼(粕)、芝麻饼、棉籽饼(粕)和菜籽饼(粕)等。饼(粕)类是油料作物加工的副产品。生产工艺有两种,即溶剂浸提法和压榨法,前者获得的称粕,后者称饼。饼(粕)类饲料粗蛋白质含量高,一般为 30%～46%,含有的氨基酸比谷实类齐全,是鹅饲养中常用的植物性蛋白质饲料。

1. 大豆饼(粕) 是饼粕类饲料中最好的一种,与含赖氨酸较少的玉米、高粱配合使用,可以提高饲料蛋白质的品质。

大豆饼(粕)有促进雏鹅生长发育的作用,在饲料中可搭配10％～30％。大豆饼(粕)添加蛋氨酸可代替鱼粉。生大豆和冷榨的大豆饼中含有抗胰蛋白酶,它能降低蛋白质的消化利用效率,所以不能生喂,要煮熟后使用。

2. 棉籽饼(粕) 蛋白质与赖氨酸含量均低于大豆饼(粕),而且含有棉酚。高温和微生物发酵处理可破坏棉酚的毒性。一般用量在8％以下。

3. 菜籽饼(粕) 蛋白质的质量与棉籽饼(粕)差不多,含粗蛋白质36.4％,赖氨酸1.23％。含有芥子硫苷,若不经去毒处理,容易引起中毒。发霉的菜籽饼(粕)危险性更大。一般在日粮中用量不超过5％。

4. 花生饼(粕) 蛋白质含量在40％以上,赖氨酸含量与棉籽饼(粕)差不多。花生无毒,但发霉后的花生饼(粕)毒性很大,不能用作饲料。

5. 芝麻饼 产量很低,但含蛋氨酸很高,与其他饼类配合使用能大大提高饲料蛋白质的品质。

(二)动物性蛋白质饲料 常用的有鱼粉、肉骨粉、蚕蛹、蚯蚓、蝇蛆、屠宰场下脚料和血粉等。蛋白质含量高,品质好。必需氨基酸比较完全,又含有丰富的钙、磷、微量元素和维生素 B_{12} 等,还含有未知生长因子。对促进鹅的胚胎发育,加速雏鹅生长,提高种鹅产蛋能力和受精率等,都有明显效果。我国传统养鹅方法中极少用动物性蛋白质饲料,随着养鹅生产水平的提高,在有条件的情况下,饲料中适当搭配动物性蛋白质饲料,对促进鹅的生长和产蛋,效果相当理想。

1. 鱼粉 蛋白质含量高,粗蛋白质在50％以上,氨基酸完全,蛋氨酸、赖氨酸丰富,并含有较多的钙、磷和 B 族维生素,是一种好饲料。可占日粮的3％～7％。

2. 肉骨粉 加工原料不同、含骨头的比例不同,含有的粗蛋白质在 45%～55%。肉骨粉的营养价值低于鱼粉,主要是蛋氨酸和赖氨酸含量偏低。

3. 羽毛粉 各种禽类羽毛,经高压蒸汽水解,晒干、粉碎即为羽毛粉。含粗蛋白质 80% 以上,有较多的胱氨酸、丝氨酸等,赖氨酸、组氨酸等偏少。此外还含有维生素 B_{12}。在雏鹅羽毛生长过程中可搭配 2% 左右的羽毛粉,以利于促进羽毛的生长。

4. 血粉 粗蛋白质含量在 80% 以上,比鱼粉高,富含赖氨酸、精氨酸,但氨基酸不平衡,适口性差,消化吸收利用率很低。含有大量的铁质。饲料中的用量不宜超过 5%。

5. 蚕蛹粉和蚯蚓粉 含粗蛋白质很多,在 60% 以上,质量好。但易受潮变质,影响饲料风味,用量为 4%～5%。

6. 饲用酵母 它不属于动物性饲料,但其蛋白质含量接近动物性饲料,所以常将其列入动物性蛋白质饲料。风干的酵母粉含水分 5%～7%,粗蛋白质 51%～55%,粗脂肪 1.7%～2.7%,无氮浸出物 26%～34%,灰分(主要是钙、钾、镁、钠、硫等)8.2%～9.2%。含有大量的 B 族维生素和维生素 A、维生素 D 及酶类、激素等。它不仅营养价值高,还是一种保护性饲料,在育雏期适当搭配一些饲用酵母有利于促进雏鹅的生长发育。

三、青绿饲料

青绿饲料营养成分全面,蛋白质较好,富含各种维生素,钙和磷的含量亦较高,适口性好,消化率较高,来源广,成本低。青绿多汁饲料包括青绿饲料和多汁饲料两大类。鹅常饲用的青绿饲料有各种蔬菜、人工栽培的牧草和野生无毒的青草、水草、野菜和树叶等。不同种类和不同生长期的青绿饲料其营养成分有较大的变化。鲜嫩的青绿饲料含木质素少，含水量高，易于消化，适口性好，种类多，来源广，利用时间长，含有较多的胡萝卜素与某些 B 族维生素，干物质中粗蛋白质含量较丰富，粗纤维较少，具有较高的消化率，有利于鹅的生长发育。随着青绿饲料的生长，水分含量减少，粗纤维增加，适口性变差，故应尽量以幼嫩的青绿饲料喂鹅。多汁饲料如块根、块茎和瓜类等，尽管它们富含淀粉等高能量物质，但因在一般情况下水分含量很高，单位重量鲜饲料所能提供的能值较低。

使用青绿饲料应注意以下几点：①要了解青绿饲料的特性，是否有毒或刚喷洒过农药，采集和放牧前要首先了解清楚；②叶菜类青绿饲料要现采现喂，不可堆积，以防发生亚硝酸盐中毒；③苜蓿、三叶草等豆科牧草含皂素较多，不宜多喂，如采食过多，影响消化，抑制雏鹅生长，应与禾本科牧草搭配使用；④含草酸多的青绿饲料，如菠菜、甜菜叶、莙荙菜等不可多喂，以防引起雏鹅发生佝偻病；⑤大量使用青绿饲料时，注意青绿饲料种类的搭配，不能只喂一种青绿饲料，同时还要补充精饲料，以防营养供应不足，达不到增重要求；⑥长期饲喂水生饲料，易感染寄生虫，应注意定期驱虫。

使用多汁饲料应注意：块根、块茎、瓜类等多汁饲料含水分较多，碳水化合物的含量也较高，约占干物质的 80%，粗纤维的含量较低，钙、磷含量少，钾、钠等矿物质较多。经常使用多汁饲料喂鹅，要注意补给一定量的钙、磷等矿物质饲料，并要适当减少食盐的用量。

四、矿物质饲料

鹅常用的矿物质饲料有食盐、骨粉、贝壳粉、石粉、磷酸氢钙等。在鹅的日粮中加入一定量的矿物质饲料对雏鹅的生长和种鹅的产蛋都是有利的。

沙砾对于鹅的肌胃研磨力有良好的促进作用,可在鹅的日粮中添加 1％的沙子,或在运动场上撒些沙砾,任鹅自由啄食。石粉价格便宜,但要注意其中镁、铅及砷的含量不能太高。食盐一般在鹅的日粮中应搭配 0.3％～0.5％,在生产肥肝时,则应占1％～1.5％。一般在雏鹅日粮中占 0.3％～0.44％,成年鹅日粮中占 0.4％～0.55％。骨粉主要补充磷,其次是钙,一般在日粮中占 1.5％～2.5％。贝壳粉和蛋壳粉主要补充钙,日粮中应占 3.4％。也可把贝壳、蛋壳等碎粒放在饲槽中,任鹅自由采食。磷酸氢钙、骨粉均是常用的补磷饲料。但要注意经过脱氟处理。由于家禽对氟敏感,氟超标易发生腿病。鹅发生啄毛癖时可添加石膏 1％～2％。

鹅常用饲料的营养成分见表 4-1 至表 4-4。

表 4-1 常用青绿多汁饲料营养成分

饲　料名　称	干物质（%）	代谢能（兆焦/千克）	粗蛋白质（%）	粗纤维（%）	钙（%）	磷（%）
白　菜	4.9	0.19	1.1	0.7	0.12	0.04
苦荬菜	7.6	0.31	2.0	0.9	0.10	0.04
苋　菜	12	0.47	2.8	1.8	0.25	0.07
甜菜叶	6.7	—	1.8	0.8	0.10	—
甘　薯	25.0	2.49	1.0	0.9	0.13	0.05
胡萝卜	12.0	1.16	1.1	1.2	0.15	0.09
南　瓜	10.0	1.01	1.0	1.2	0.04	0.02
三叶草	12.0	0.54	3.1	1.9	0.13	0.04
苕　子	15.8	0.63	5.0	2.5	0.20	0.06
紫云英	13.0	—	2.9	2.5	0.18	0.07
黑麦草	16.3	—	3.5	3.4	0.10	0.04
苜　蓿	16.0	0.47	4.6	3.8	0.27	0.05
聚合草	11.2	0.44	3.7	1.6	0.23	0.06

表 4-2 常用谷实类饲料营养成分

饲　料名　称	干物质（%）	代谢能（兆焦/千克）	粗蛋白质（%）	粗纤维（%）	钙（%）	磷（%）	蛋氨酸（%）	赖氨酸（%）
大麦(皮)	87.0	11.30	11.0	4.8	0.09	0.33	0.18	0.42
小　麦	87.0	12.72	13.9	1.9	0.17	0.41	0.25	0.30
黑　麦	88.0	11.25	11.0	2.2	0.05	0.30	0.16	0.37
糙　米	87.0	14.06	8.8	0.7	0.03	0.35	0.20	0.32
碎　米	88.0	14.23	10.4	1.1	0.06	0.35	0.22	0.42
稻　谷	86.0	11.00	7.8	8.2	0.03	0.36	0.19	0.29
玉　米	86.0	13.56	8.7	1.6	0.02	0.27	0.18	0.24
高　粱	86.0	12.30	9.0	1.4	0.13	0.36	0.17	0.18
谷子(粟)	86.5	11.88	9.7	6.8	0.12	0.30	0.25	0.15

注:引自 NY/T33—2004《鸡饲养标准》

表 4-3　常用蛋白质饲料营养成分

饲料 名称	干物质 （%）	代谢能 （兆焦/ 千克）	粗蛋白质 （%）	粗纤维 （%）	钙 （%）	磷 （%）	蛋氨酸 （%）	赖氨酸 （%）
大　豆	87.0	13.56	35.5	4.3	0.27	0.48	0.56	2.20
菜籽饼	88.0	8.16	35.7	11.4	0.59	0.96	0.60	1.33
豆　饼	89.0	10.54	41.8	4.8	0.31	0.50	0.60	2.43
花生仁饼	88.0	11.63	44.7	5.9	0.25	0.53	0.39	1.32
棉籽饼	88.0	9.04	36.3	12.5	0.21	0.83	0.41	1.40
血　粉	88.0	10.29	82.8	—	0.29	0.31	0.74	6.67
秘鲁鱼粉	90.0	12.18	62.5	0.5	3.96	3.05	1.66	5.12
肉骨粉	93.0	9.96	50.0	2.8	9.20	4.70	0.67	2.60

注：引自 NY/T33—2004《鸡饲养标准》

表 4-4　常用糠麸类饲料营养成分

饲料 名称	干物质 （%）	代谢能 （兆焦/ 千克）	粗蛋白质 （%）	粗纤维 （%）	钙 （%）	磷 （%）	蛋氨酸 （%）	赖氨酸 （%）
小麦麸	87.0	6.82	15.7	8.9	0.11	0.92	0.15	0.61
米　糠	87.0	11.21	12.8	6.8	0.10	0.93	0.25	0.63

注：引自 NY/T33—2004《鸡饲养标准》

五、饲料添加剂

　　鹅常用的饲料添加剂主要有氨基酸添加剂、维生素添加剂、微量元素添加剂与抗生素添加剂等。

　　常用的氨基酸添加剂有赖氨酸和蛋氨酸。根据配合饲料中这类氨基酸的含量,对照饲养标准规定的需要量,将其缺少的数量用添加剂补足,使鹅日粮的氨基酸获得最佳配比,从而提高日粮中蛋白质的品质。

鹅以青饲料为主进行饲养时一般不需要添加维生素添加剂,若青饲料缺乏则必须按饲养标准添加。一般用人工合成的多种维生素复合剂作为维生素添加剂。

常用的微量元素添加剂有硫酸亚铁、硫酸铜、亚硒酸钠、碘化钾等。可根据鹅不同生长发育阶段的营养需要而配制。

以往饲料中也往往加入抗生素用于控制和预防疾病、保护机体健康,促进鹅体正常生长,常用的有杆菌肽锌、氟哌酸等。目前,国家推广无公害饲养技术。对抗生素的使用,要严格按规定添加或尽可能不添加。

另外,为了防止配合饲料发霉及氧化降低品质,饲料中也常用些防腐剂和抗氧化剂。但它们不是饲料中鹅的营养成分,是非营养性添加剂。

发展中草药添加剂是当前畜牧业的一个趋势。由于中草药添加剂一般无毒副作用,也不会引起药物残留,因此很多厂家都在研发中草药添加剂。在养鹅业中,可根据具体情况和条件,在鹅的饲料中添加中草药添加剂,以发展有机养鹅业。

第三节 鹅的饲养标准与日粮配合

一、鹅的饲养标准

随着家禽饲养科学和营养科学的发展,家禽的饲养已逐步向科学化、标准化、经济合理化方向发展。根据实际饲养效果,结合消化、代谢、生长、生产及其他试验,科学地规定鹅在不同生长阶段、生理状态和生产水平下,每天对各种营养成分的需要量,这就是鹅的饲养标准。在配合日粮时,可以将它作为依据来确定日粮中的各种营养需要量,其中主要是代谢能、粗蛋白质、蛋白能量比,以及钙、磷、食盐、氨基酸和维生素等营养物质的指标。

在家禽的饲养标准中规定了饲粮的能量、蛋白质、矿物质和维生素的浓度。能量以代谢能来计算,代谢能=总能-(粪能+尿能),用千焦/克或兆焦/千克为单位。粗蛋白质用克/千克或百分比(%)来表示。因禽消化道内几乎没有植酸酶,难以利用植酸磷,植物性饲料中仅有 1/3 的磷是非植酸磷状态可被禽利用,故饲料中可利用磷=矿物饲料的磷+动物性饲料的磷+植物性饲料中的非植酸磷(植物性饲料的磷×30%),总磷即无机磷和有机磷的总和。

由于饲养技术的进步,时间和地域的差异,饲养标准往往要根据生产实践不断修改,加上设计配方时,所用原料的各种营养成分不可能全部实测,其实测值与所借用的营养价值表中标明的数据存在差异。因此,在使用饲养标准时,可灵活掌握,因地制宜,基本符合饲养标准即可。但作为配合饲料厂来说,则要求使用实测值并尽可能接近"标准"。工厂化圈养的配方设计,还应根据环境条件和生产水平进行调整。

目前,我国还没有制定出适合我国鹅种特点的饲养标准。在饲养实践中,往往引用和借鉴美国和前苏联的饲养标准,结合我国养鹅业的具体情况和中国鹅的特性进行选用,并根据试用中的饲养效果加以调整和修改。现介绍美国及前苏联鹅的饲养标准(表 4-5,表 4-6)。2004 年,浙江省农业科学院畜牧兽医研究所沈军达研究员,根据我国饲养实际拟订出了参考标准(表 4-7),供读者参考。

表 4-5　美国鹅的饲养标准

营养成分	开食阶段 （0～6 周龄）	生长阶段 （6 周龄以后）	种　鹅
代谢能（兆焦/千克）	12.13	12.13	12.13
粗蛋白质（%）	22	15	18
赖氨酸（%）	0.9	0.6	0.6
蛋氨酸（%）	0.32	0.21	0.27
色氨酸（%）	0.17	0.11	0.11
维生素 A（单位/千克）	1500	1500	4000
维生素 D（单位/千克）	200	200	200
维生素 E（单位/千克）	10	5	10
维生素 K（毫克/千克）	0.5	0.5	0.5
维生素 B_1（毫克/千克）	1.8	1.3	0.8
维生素 B_2（毫克/千克）	3.6	1.8	3.8
维生素 B_6（毫克/千克）	3	3	4.5
泛酸（毫克/千克）	15	10	10
烟酸（毫克/千克）	55	35	20
维生素 B_{12}（毫克/千克）	0.009	0.003	0.003
生物素（毫克/千克）	0.15	0.10	0.15
胆碱（毫克/千克）	1300	500	500
钙（%）	0.8	0.6	2.25
磷（%）	0.6	0.4	0.6
锌（毫克/千克）	40	35	65
铁（毫克/千克）	80	40	80
镁（毫克/千克）	600	100	500
锰（毫克/千克）	55	25	33
硒（毫克/千克）	0.1	0.1	0.1
铜（毫克/千克）	4	3	4
碘（毫克/千克）	0.35	0.35	0.3

表 4-6　前苏联鹅的饲养标准

营养成分	1～3 周龄	4～8 周龄	9～26 周龄 (后备)	种　鹅
代谢能(兆焦/千克)	11.72	11.72	10.88	10.46
粗蛋白质(%)	20	18	14	15
粗纤维(%)	5	6	10	10
钙(%)	1.2	1.2	1.2	1.6
磷(%)	0.8	0.8	0.7	0.7
钠(%)	0.3	0.3	0.3	0.3
赖氨酸(%)	1.00	0.90	0.70	0.63
蛋氨酸(%)	0.50	0.45	0.35	0.30
色氨酸(%)	0.22	0.20	0.16	0.16
维生素 A(单位/千克)	10000	10000	5000	10000
维生素 D_3(单位/千克)	1500	1500	1000	1500
维生素 E(毫克/千克)	5	5	—	5
维生素 K(毫克/千克)	2	2	1	2
维生素 B_1(毫克/千克)	1	1	—	1
维生素 B_2(毫克/千克)	2	2	2	3
维生素 B_3(毫克/千克)	10	10	10	10
维生素 B_4(毫克/千克)	500	500	250	500
维生素 B_5(毫克/千克)	20	20	20	20
维生素 B_6(毫克/千克)	3	3	1	2
维生素 B_{11}(毫克/千克)	0.5	0.5	—	—
维生素 B_{12}(毫克/千克)	0.025	0.025	0.025	0.025
锰(毫克/千克)	50	50	50	50
铜(毫克/千克)	2.5	2.5	2.5	2.5
锌(毫克/千克)	50	50	50	50
钴(毫克/千克)	1	1	1	1
铁(毫克/千克)	10	10	10	10
碘(毫克/千克)	0.7	0.7	0.7	0.7

表 4-7　我国鹅的饲养参考标准

营养成分	0～3周龄	4～10周龄	11～12周龄	种　鹅
代谢能(兆焦/千克)	12.14	11.72	10.88	11.30
粗蛋白质(%)	20	18	14	15
蛋白能量比(克/兆焦)	16.5∶1	15.4∶1	129∶1	13.3∶1
粗纤维(%)	5.0	7.0	10.0	10.0
赖氨酸(%)	1.0	0.85	0.67	0.75
蛋氨酸+胱氨酸(%)	0.75	0.60	0.50	0.60
钙(%)	1.0	1.0	1.6	2.25
磷(%)	0.70	0.70	0.60	0.70
食盐(%)	0.35	0.35	0.35	0.40
维生素 A(单位/千克)	10000	5000	5000	10000
维生素 D(单位/千克)	1500	1000	1000	1500
维生素 E(毫克/千克)	10	—	—	10
维生素 B_2(毫克/千克)	4	2	2	4
胆碱(毫克/千克)	1000	1000	1000	1000
维生素 B_{12}(毫克/千克)	25	25	25	25
铁(毫克/千克)	25	25	25	25
铜(毫克/千克)	2.5	2.5	2.5	2.5
锰(毫克/千克)	50	50	50	50
锌(毫克/千克)	50	50	50	50

注:引自沈军达主编《种草养鹅与鹅肥肝生产》,2004

二、鹅的日粮配合

　　鹅的日粮是指 1 只鹅在 1 昼夜所需各种营养物质而采食的各种饲料的总量。各种营养物质的种类、数量及其相互比例都能满足机体需要的日粮叫全价日粮。根据鹅的饲养标准,选择多种饲料按一定比例搭配成日粮的计算过程,称日粮配合。

　　(一)配合日粮的意义　　长期以来我国农村养鹅采用放牧,辅以补充谷物饲料。不是根据鹅各个阶段的生长发育、产肉、产蛋等对各种营养的需要来组合日粮,营养成分不平衡,不能充分发挥鹅的最大生产潜力。实践证明,在日粮营养全面的饲养条件下,雏鹅生长速度加快,饲养周期缩短,可提早使体重达到上市标准。这样既缩短了饲养时间,又节约了饲料,降低了饲养成本。因此,科学配合日粮是提高养鹅效益的有效方法。

(二)鹅日粮配合的基本原则

1. 选择合理的饲养标准 配合鹅的日粮时,要按鹅的生产性能、品种、品系、日龄、生长发育阶段、体重、产蛋率及环境气候等,结合养鹅者的生产水平、饲养经验等,对参照的饲养标准进行适当的调整,制定出适用本鹅场的具体饲养标准。

2. 考虑日粮的全价性 即营养性。也就是各种营养物质的种类、数量及相互之间的比例都能满足其营养需要。饲料种类要尽可能多一些,以利于营养物质的完善和平衡,提高饲料的营养价值和利用率。

3. 合理利用饲料资源 饲料开支占养鹅总支出的60%以上。因此,在配合日粮时,应充分利用本地的饲料资源,尽量选用价格低廉的饲料,努力降低日粮成本。为降低原料成本,要尽量利用当地原料,选用营养丰富而价格低廉的原料进行配制。

4. 符合鹅的消化生理特点 鹅耐粗饲,可选用一些粗纤维含量较高的饲料,饲料容重可适当小一些。但要注意适口性,有涩味的原料要少用,便于鹅的采食和消化。

5. 日粮要保持一定的稳定性 要力争保持饲料品种和搭配比例的相对稳定,这样对鹅的生长发育有利。必须变更时,应逐渐进行,不宜突然改变品种和配比。一般来说,日粮变更应有3～5天的过渡时间。

6. 考虑日粮的针对性 不同用途的鹅,不同生长阶段的鹅,各有不同的营养需要。在配合饲料时要分别进行,这是目前养鹅业最容易忽视的问题。

7. 符合饲料卫生质量标准 配合饲料要符合国家饲料卫生质量标准。这就要求在选用饲料原料时,应控制一些有毒物质、细菌总数、真菌总数、重金属盐等不能超标。

8. 配合的饲料要搅拌均匀 特别是微量元素、添加剂、药物等搅拌不均匀容易引起中毒。搅拌时,应在干净、无污染的水泥地上进行,要反复多次直到均匀为止。规模化生产时,应使用饲料搅拌机进行搅拌。

(三)配合日粮时各种饲料原料的大致比例 在配合日粮中,各类饲料原料都有个大致的比例。一般来说谷实类饲料可由 2~3 种原料组成,占 40%~60%,主要是提供能量。糠麸类可由 1~2 种原料组成,占 10%~30%,主要是提供能量和 B 族维生素,增加日粮的体积。饼粕类饲料由 1~3 种原料组成,占 10%~25%,主要提供蛋白质。动物性饲料由 1~2 种原料组成,占 3%~10%,补充蛋白质及必需氨基酸。矿物质饲料由 1~3 种原料组成,占 2%~3%,主要补充钙和磷。在没有青绿饲料时用干草粉 3%~5%,以增加饲料中的纤维素,补充维生素。添加剂占 0.25%~1%,补充微量元素和某些维生素。食盐占 0.3%~0.5%。有时由于饲料中重要氨基酸不平衡,还需要添加赖氨酸、蛋氨酸等。

(四)日粮的配合方法 目前日粮配合一般采用电子计算机进行配制。如果没有专用饲料配方软件,可利用一些计算机软件如 Excel(制表软件)和 Matlab 中的线性规划功能,可以很方便地根据饲养标准和饲料的营养成分表进行日粮配合,并及时地在生产中加以调整。

首先根据鹅的品种、类型、年龄和生产情况，参阅所借鉴或选用相应的饲养标准，查出所需要的各种营养物质的数量；其次选择当地常用的饲料，并确定每种饲料的用量；然后按照饲料成分表分别算出配合饲料的营养物质含量。合计后再与标准需要比较，如所配日粮与标准不符合时，则应调整用量，以求最后与标准相吻合。

三、鹅的饲料配方

鹅的日粮参考配方示例见表4-8至表4-11。各地可根据原料产地、营养成分和实际情况加以调整。

表 4-8　鹅全价配合饲料配方之一　（单位:%）

饲料名称	雏　鹅	育成鹅	产蛋鹅
玉　米	59	57	48
啤酒糟	14	23	25
曲酒糟	2	10	6
豆　饼	5.8	3	6
酵母蛋白粉	5	2	2
菜籽饼	7	2	2
蚕　蛹	2	—	1.5
肉　粉	2	—	—
骨　粉	2.4	2.2	2.2
碳酸钙	—	—	5.5
添加剂	0.5	0.5	0.5
食　盐	0.3	0.3	0.3
合　计	100	100	100

注:引自朱维正主编《高效养鹅及鹅病防治》,2002

表 4-9　鹅的饲料配方之二　（单位：%）

饲料名称	1～20日龄	21～65日龄	66～210日龄	成年鹅配方1	成年鹅配方2
玉　米	32	—	—	20.5	—
小　麦	30.8	42	17	15	12
大　麦	—	22	40	25	45
燕　麦	—	—	2	7	2
小麦麸	—	—	9	9	9
葵花籽粕	14	5.5	2	3.6	2
饲料酵母	10	7	1	2	4
鱼　粉	3	4	—	1	—
骨肉粉	1	2	—	2	—
草　粉	5	10	15	10	15.5
石　粉	3	2.5	6	3.4	6
食　盐	0.2	0.5	0.5	0.5	0.5
粗脂肪	—	3.5	3.5	—	3
添加剂	1	1	1	1	1
合　计	100	100	100	100	100

注：引自王继文主编《养鹅关键技术》，2002

表 4-10　鹅的常用日粮配方之三　（单位：%）

饲料名称	0～3周龄		4～10周龄		11～23周龄		种　鹅	
	配方1	配方2	配方1	配方2	配方1	配方2	配方1	配方2
玉　米	46	35	58	30	34	30	45	40
大　麦	10	10	—	20	—	15	—	30
小　麦	—	14	—	11	—	—	—	—
稻　谷	—	—	—	10	13	23	5	—
苜蓿草粉	—	10	5	3	13	10	—	7.3
鱼　粉	3	5	—	2	—	—	3	—
豆　饼	23	20	13	12	8	5	10	10
花生饼	—	—	—	5	—	—	—	5

饲料名称	0～3 周龄		4～10 周龄		11～23 周龄		种 鹅	
	配方 1	配方 2	配方 1	配方 2	配方 1	配方 2	配方 1	配方 2
菜籽饼	5	—	5	3.6	—	3	8	—
棉仁饼	—	—	—	—	5	—	—	—
米 糠	5	—	—	1	22	—	17.4	—
小麦麸	5	3.5	10	—	—	10	4	—
骨 粉	1	1.2	—	0.1	—	—	1	—
碳酸氢钙	—	—	1.2	1	0.7	1.2	—	1.2
石 粉	0.7	—	1.5	—	2	—	3	3.8
贝壳粉	—	—	—	—	1	1.5	1.7	1.6
食 盐	0.3	0.3	0.3	0.3	0.3	0.3	0.3	0.1
添加剂	1	1	1	1	1	1	1	1
合 计	100	100	100	100	100	100	100	100

注:引自沈军达主编《种草养鹅与鹅肥肝生产》,2004

表 4-11　太湖鹅产蛋期饲料配方　（单位:%）

饲料名称	配方 1	配方 2	配方 3
玉 米	48	46	44
糠 饼	12	12	12
米 糠	13	13	13
小麦麸	10	7	4.5
豆 饼	5	8	12
菜籽饼	3	4.5	5
棉仁饼	2.5	3	3
骨 粉	1	1	1
贝壳粉	5	5	5
食 盐	0.2	0.2	0.2
蛋氨酸	0.1	0.1	0.1
添加剂	0.2	0.2	0.2
合 计	100	100	100

注:引自周桃鸿《鹅的高效养殖》,2000

第五章　种草养鹅

　　饲草是发展养鹅业的物质基础,只有准备好充足优质的饲草资源,才能稳定发展养鹅业。本章主要介绍适合养鹅的优质高产牧草品种及其基本的栽培技术和利用方法,供养鹅生产者参考应用。

第一节　豆科类牧草

一、白三叶

　　(一)分布　又名白车轴草、荷兰翘摇。原产于欧洲、亚洲和非洲的交界地带,现广泛分布于温带及亚热带的高海拔地区。我国云南、贵州、四川、湖南、湖北、新疆等地都有野生分布,长江以南各省、自治区、直辖市有大面积种植。

　　(二)植物学特性与生物学特性　白三叶属豆科三叶草属,为多年生草本植物。主根短,侧根和须根发达,多集中在 10 厘米以上的土层中,多根瘤。植株光滑,主茎短,长 30～60 厘米,实心,节间多,节上长出不定根、新叶及匍匐茎。匍匐茎长出后,主茎即停止生长,匍匐茎长达 30～70 厘米。掌状三出复叶,互生。小叶椭圆形或心脏形,有"V"形白斑纹,叶缘有细齿。托叶细小,膜质,包于茎上。异花传粉,头形总状花序,花小而多,白色或粉红色。花梗从叶腋抽出,比叶柄稍长。荚果细小,每荚含种子 3～4 粒。种子心脏形,浅棕黄色,千粒重 0.5～0.7 克,硬实率高。5 月中旬为盛花期,花期长达 2 个月。叶片大小和长度变异较大,根据叶片大小可分为大叶、中叶和小叶 3 种类型。大叶型产草量高,但耐牧性稍差;小叶型耐践踏,但产草量低;中叶型品种介于两者之间。

白三叶喜温暖湿润气候,最适温度为 19℃～22℃,低于 10℃时生长缓慢,但也较耐寒,幼苗能耐－4℃～－5℃低温。耐旱能力一般,正常生长的最低年降水量为 600 毫米。可耐长时间水淹。也耐阴,可在林地下种植。对土壤要求不严,能在酸性土壤、瘦土、沙壤土上生长,但以肥沃湿润弱酸性壤土上生长最佳,适宜土壤 pH 值为 6～7,不耐盐碱。耐践踏,再生性好。每年有春、秋两次生长高峰,夏季地上部分死亡,可宿根越夏。

(三)栽培技术

1. 播种前准备 白三叶种子细小,所以播种前要精细整地,清除杂草。每公顷(15 亩)施有机肥 22.5～30 吨,钙镁磷肥 250～300 千克、硫酸钾 50～100 千克和硫酸铜 5 千克。严重缺氮的土壤还可施用尿素 120～150 千克。还可适当施些石灰,以利于白三叶对磷、钾的吸收。在没种过白三叶的土地上播种时,要接种三叶草根瘤菌,这一点对于酸性土壤和贫瘠土壤来说尤为重要。白三叶种子硬实率高,播前要用温水浸泡或细沙擦破种皮,以提高发芽率,然后与灰肥或磷肥拌匀后一起播于土表。

2. 播种 白三叶可春播或秋播,南方以秋播为宜,北方宜春播,以利于当年越冬。春播最好在 3 月上中旬,秋播不晚于 10 月中旬,若过晚,越冬易受冻害。单播和混播皆可,单播通常采用条播或撒播。条播的用种量为每公顷为 7.5～12 千克,行距 30 厘米,播深 1～1.5 厘米。撒播用种量为每公顷为 22.5～30 千克。播后覆土 1.5～2 厘米。白三叶宜与多年生黑麦草、鸭茅、牛尾草、猪尾草等混播,这样可提高产草量,也有利于放牧。

3. 田间管理 白三叶苗期生长缓慢,应注意中耕除草。一旦草层建植后,其竞争能力很强,不必再行中耕。白三叶对磷、钾肥比较敏感,每年需用一定数量的磷和钾肥作为维持肥,以保证草场持续稳定。酸性土壤上可施用一定量的石灰,有利于其对矿物质养分的吸收。

(四)营养成分与利用方法 白三叶叶量丰富,草质柔嫩,营养价值高,粗纤维含量低,在不同的生育阶段其营养成分和利用价值比较稳定,为各类畜、禽所喜食。开花期干物质中含粗蛋白质 18.1%～28.7%、粗纤维 12.5%、粗脂肪 2.7%、无氮浸出物 47.1%、粗灰分 13%。白三叶可放牧或刈割青饲,还可晒制干草粉。

春播当年每公顷产青草 15 吨,以后每年每公顷产青草 37.5～60 吨。白三叶宜在初花期刈割,一般每隔 25～30 天刈割 1 次,4 月初至 10 月份均可刈割。放牧利用时,宜与其他禾本科牧草混播,禾本科牧草与白三叶的比例以 2:1 较为理想,这样既可保持单位面积内干物质和蛋白质的最高产量,又可防止鹅过多采食白三叶引起胃肠臌胀病。

白三叶种子成熟不一致,当多数种子成熟时即可采收,每公顷可收种子 450～525 千克。种子可以落地自生,维持草地经久不衰。

二、紫花苜蓿

(一)分布 又叫紫苜蓿、苜蓿。紫花苜蓿原产于亚洲西部山区,是当今世界分布最广的栽培牧草,种植面积达 12.3 亿公顷,被誉为牧草之王。紫花苜蓿经"丝绸之路"传入我国,在我国的栽培历史至今已达 2 000 多年,其主要产区在西北、华北、东北地区和江淮流域。

(二)植物学特性与生物学特性 紫花苜蓿属豆科、苜蓿属,为多年生草本植物。直根系,主根可深达 10 米以下,侧根也十分发达,多集中于 40 厘米的土层内,着生很多根瘤。株高 1 米以上,茎直立或斜上,光滑,略呈方形,分枝很多。羽状三出复叶,小叶先端有锯齿。异花授粉,总状花序簇生,自叶腋生出,每簇有小花 20～30 朵,蝶形花冠、紫色。荚果螺旋形,成熟后呈黑褐色,不开裂,每荚含种子 2～8 粒。种子肾形,黄褐色,千粒重 1.5～2.3 克。生育期 110 天左右,花期 6～7 月份,果期 7～8 月份。

紫花苜蓿喜温暖而干燥的气候,种子发芽的最适温度为 12℃～25℃,生长最适温度为 25℃～30℃,耐寒,幼苗能耐受−6℃～−7℃,成株可耐受−25℃的低温。多雨湿热天气对其不利,忌水渍,连续淹水 24 小时即大量死亡。属强光照植物,不耐阴,日照充足才能生长良好。紫花苜蓿适宜沙质黏性黑土、壤土和富含石灰质土壤,不要选择太贫瘠土地。最适土壤 pH 值为 7～8,在中性至微碱性土壤上都可种植。

(三)栽培技术

1. 播种前准备 选择土层深厚的土壤。紫花苜蓿种子小,幼芽细弱,顶土力差,整地必须精细,要求地面平整,土块细碎,无杂草,播前最好浇水 1 次。畦宽 1.4～1.7 米,沟宽 25 厘米,深 25 厘米以上。每公顷施有机肥 22.5～37.5 吨和过磷酸钙 300～450 千克做基肥。播种前要晒种 2～3 天,或用 40℃～50℃温水浸泡 1 小时,以打破休眠。在从未种过苜蓿的土地上播种时,要接种苜蓿根瘤菌。接种方法是将菌液洒在种子上,随拌随播。无菌剂时,也可将种子与老苜蓿地土壤混合后播种。

2. 播种　紫花苜蓿一年四季均可播种。春播可在 2 月底至 3 月初进行。夏播在 6～7 月份进行,但此时杂草较多,应注意除草。秋播在 8 月至 9 月中旬进行。播种方法有条播和撒播,用种量为每公顷 11.25～15 千克,播种后要覆土 2～3 厘米,条播行距一般为 30～60 厘米。紫花苜蓿也可以与其他豆科或禾本科作物(如无芒雀麦、披碱草、燕麦草和百脉根等)混播,种子比例为 1∶1 或 2∶1。

3. 田间管理　紫花苜蓿在苗期生长十分缓慢,易受杂草危害,要中耕除草 1～2 次。每次刈割后要灌溉,但苜蓿怕积水,水量不宜太大;还要追肥,每公顷施过磷酸钙 150～300千克或磷酸铵 60～90 千克。入冬时要浇足冬水,冬季严禁放牧。紫花苜蓿病虫害较多,一经发现即行刈割饲用为宜。常见病害有霜霉病、锈病、褐斑病等,可用波尔多液、石硫合剂和甲基托布津等防治。虫害有蚜虫、叶蝉(浮尘子)、盲蝽象、金龟子等,可用乐果、敌百虫等药防治。

(四)营养成分与利用方法　紫花苜蓿茎叶柔嫩鲜美,蛋白质含量高,并有多种维生素和矿物质,是极好的饲草,各类畜、禽都喜食。紫花苜蓿的干草中含粗蛋白质 17%～22%、粗脂肪 3%～4%、无氮浸出物 29%～32%、粗纤维 24%～29%。

紫花苜蓿是中寿牧草,一般第二至第四年生长最茂盛,第五年后生产力逐渐下降。播后 2～5 年内,一般每年可刈割3～5 次,每公顷产鲜草 30～60 吨,产干草 7.5～12 吨。除做青饲外,紫花苜蓿还可调制干草。青刈在株高 30～40 厘米时开始为宜,留茬 7～8 厘米,秋季最后 1 次刈割应在生长季结束前 20～30 天时进行。调制干草的适宜刈割期是初花期。

三、百 脉 根

(一)分布 又名五叶草、鸟趾豆、牛角花。原产于欧、亚两洲的湿润地带。百脉根是优良牧草,也是保持水土、改良人工草场的重要植物。我国于 20 世纪 80 年代末引种。经试种,我国南方、北方均适宜种植。

(二)植物学特性与生物学特性 百脉根属豆科、百脉根属,为多年生草本植物,利用年限 8~10 年。主根粗壮,侧根、须根发达,主要分布在 0~25 厘米土层中。细根和须根布满根瘤,根瘤球形、粉红色,单生或并生。茎多分枝,无明显主茎,圆形,中空,无毛,呈匍匐至半匍匐状态,长 50~100 厘米,节间的愈伤组织处长出根,节上的腋芽可长出根和嫩枝。复叶互生,小叶 5 片,3 片在叶柄的末端,2 片在叶柄的茎部,叶小,卵形,全缘,长 1 厘米,宽 0.6 厘米,颜色嫩绿,叶面光滑,背面有短白毛。伞形花序,小花 4~5 朵,花色从浅黄色至深黄色。荚果长圆形,黑棕色,每荚有种子 10~15 粒。种子小,圆形,有光泽,颜色多样,千粒重约 1 克。百脉根种子大部分在 7~8 月份成熟,成熟后易自然脱落。

百脉根发芽温度需 15℃以上,只要在年平均温度 5℃~25℃范围内,开花结荚期日照充足,5~7 月份的月平均温度 20℃以上,即能顺利开花收籽。抗旱和耐涝性都很强,被水淹 15 天以上,仍能开花结荚。喜光,在日照充足的条件下生长健壮、分枝多、结荚多。耐轻霜冻、轻盐碱和微酸性土壤。对土壤要求不严,沙砾、沙壤、粉壤、黏壤均可,但以粉沙壤土最佳。耐践踏,再生性强。

(三)栽培技术

1. 播种前准备 百脉根种子很小,幼苗生长慢,与杂草竞争力弱,故播种时整地应精细。要施足基肥,酸性土壤需施用石灰和磷肥。播种前,种子需进行浸泡处理,以提高发芽率。用磷肥拌种可提高产量。

2. 播种 百脉根以种子繁殖为主。南方气温高,春、夏、秋均可播种。北方气温低,以春播为宜,秋播不宜迟于9月中旬。播种方法以条播为好,行距为40～50厘米,若是留种地则为50～70厘米,播深为1～2厘米,每公顷播种5.25～6千克。亦可撒播,用种量为每公顷7.5千克。也可用百脉根的根、茎进行无性繁殖,把根、茎切成段,每段保留3～4个节,用于扦插。

3. 田间管理 百脉根出苗后幼苗生长缓慢,要加强苗期管理,严防草荒和土壤板结,还要防止水淹或地表温度过高灼烧致死。刈割后要及时浇水、松土,促进再生。夏季遇干旱要进行浇水。与其他豆科牧草相比,百脉根病虫害少,主要的病虫害是浮尘子和根茎腐烂病,一旦发病应及时刈割草层或在草上喷药。7～8月份种子成熟后要人工分期采收。

(四)营养成分与利用方法 百脉根茎叶柔软,营养丰富,适口性好,是优良的饲草,鹅爱吃。花期茎叶干物质中含粗蛋白质8.98%。百脉根茎叶含皂素低,畜、禽吃了不胀肚。而且它木质化程度低,收籽后的干草仍柔软可口。经比较,收打种子后剩下的百脉根干草和乳熟期的苜蓿干草,任牲畜自由采食,前者有90%以上可利用,而后者不足30%。

百脉根适宜于放牧、调制干草和青贮。鲜草利用要防止因堆积腐烂而产生氢氰酸。百脉根青草期长,有8个月左右,一般1年可刈割2～3次,每公顷年产青草18～22.5吨。留种用的只能刈割2次。刈割留茬8～10厘米为宜。

四、大 绿 豆

(一)名称与分布　又名四季绿豆、番绿豆、印尼绿豆。是一种高产、优质、饲料和肥料兼用的优良牧草,原产于西南亚一带。我国于20世纪50年代从印度尼西亚引入,然后逐渐在长江以南地区推广。

(二)植物学特性与生物学特性　大绿豆属豆科、菜豆属,为一年生草本植物。根系发达,主要分布在耕作层内。株高1～1.5米,茎粗,分枝多,主枝直立,侧枝向上倾斜。叶为三出复叶,宽大,心形,叶柄长12厘米左右。花为无限花序,腋生,小花5～7朵,黄色、蝶形。荚果细长,圆筒形,长7～11厘米,成熟时为黑褐色,内生籽实8～12粒。种子圆柱形或短矩形,墨绿色,千粒重50～55克。

大绿豆喜温暖湿润气候,适宜气温为15℃～32℃。不耐寒,遇初霜即停止生长,开始枯萎。耐高温,30℃～36℃时生长旺盛。耐干旱,不耐涝,积水易死亡。对土壤适应性广,耐瘠薄,在酸性红壤和黏壤土上都能生长,但最适宜在壤土和石灰性冲积土上生长。

(三)栽培技术

1. 播种前准备　播种前3～5天,深翻土地,耙碎耢平,并起畦,水田开135厘米的畦,旱地开200厘米的畦。每公顷施腐熟有机肥30吨作为基肥。

2. 播种　播种期为4月下旬至5月初,可条播或穴播,株行距30厘米×40厘米,播深2～3厘米,用种量每公顷为30～45千克,每穴播4～5粒种子。也可育苗移栽。

3. 田间管理　待苗长至2～3片真叶时,要中耕除草并定苗,每穴保留2～3株。每次刈割后每公顷追施尿素225千克。留种用的大绿豆,除施一定的基肥和多施些磷、钾肥外,要适当控制氮肥的施用,以免植株徒长。大绿豆种子成熟不一致,要分期收获,待豆荚成熟呈黑色时采收。每公顷可产种子约 1 125 千克。大绿豆的病虫害在苗期有地老虎,现蕾开花期有蚜虫,要及时防治。在开花结荚期要注意浮尘子(叶蝉)、豆荚螟和大豆食心虫危害。可用 40%乐果乳油 800 倍液喷雾或用 4.5%高效氯氰菊酯乳油 2 500～3 000 倍液喷杀。

(四)营养价值与利用方法 大绿豆叶质柔嫩,适口性好,营养成分高,各种家畜均喜食,适合做鹅的青绿饲料。大绿豆茎叶干物质中含粗蛋白质 21.7%,粗脂肪 2.12%,粗纤维 22.72%,无氮浸出物 39.29%,粗灰分 14.1%。

大绿豆主要用于刈割鲜饲,也可调制干草粉做鹅的配合饲料。全期可刈割 4～5 次,每公顷产鲜草 60 吨左右。第一次在分枝偏中期时轻割,第二次在分枝的高峰期重割,第三次在现蕾初期刈割,第四次在盛花期刈割,第五次在结荚期刈割。每次割叶应保留下部 3～4 层果枝叶,同时摘除顶心。

五、紫 云 英

(一)分布 紫云英又叫红花草、翘摇。是水稻产区的主要冬季绿肥作物,也是畜、禽的优质饲料。原产于中国,现已推广到亚洲中部和西部地区。

(二)植物学特性与生物学特性 紫云英属豆科、黄芪属,为一年生或越年生草本植物。主根肥大,侧根发达,密集于表土 15 厘米以上土层中,密生有深红色或褐色根瘤。茎高 30～100 厘米,圆柱形,中空,有疏茸毛,具 7～14 节,后期匍匐。奇数羽状复叶,小叶 7～13 片,倒卵形或椭圆形,全缘,顶端微凹或微缺。托叶卵形,前端稍尖,叶面有光泽,疏生短柔毛,中脉明显。伞形花序,花梗细长,由叶腋抽出,每花序有7～13朵小花,淡红色或紫红色。荚果细长,条状,长圆形,稍弯,顶端喙状,基部有短柄,成熟时呈黑色,每荚含种子4～10粒。种子肾形,种皮光滑,黄绿色或黄褐色,千粒重3～3.5克。出苗后1个月左右形成6～7片叶时开始分枝,4月上中旬开花,5月上中旬种子成熟。

紫云英喜温暖潮湿气候,生长最适温度为15℃～20℃,种子在4℃～5℃时即可发芽。不耐寒,当气温达到－5℃～－10℃时,易受冻害。耐湿不耐旱,播种至发芽前不能缺水,但生长发育期忌积水。喜壤土或黏壤土,耐瘠性弱,在保水保肥性差的沙壤土上生长不良。适宜pH值为5.5～7.5,不耐碱。

(三)栽培技术

1. 播种前准备 紫云英多与水稻轮作。播种之前开好厢沟、围沟和主沟,厢宽2.7～3米,厢沟宽24厘米,沟深30厘米,围沟和主沟宽30厘米。播种前要晒种1～2天,然后加入细沙擦种,以擦掉表皮上的蜡质,并用5%盐水选种,清除病粒和空秕粒。选出的种子要浸种8小时,捞出晾干,用根瘤菌(菌剂与种子的比例为1：10)和钙镁磷肥拌种后即可播种。播种时应保持田面湿润或有薄水层,要做到薄水播种,见芽落干,湿润扎根。

2. 播种 一般在9月上旬至10月中旬播种,适时早播对紫云英高产十分有利,用种量为每公顷30～40千克,播种要均匀。播种2～3天后种子露芽,此时应将田面落干。

3. 田间管理 紫云英发芽前不能缺水,但生长发育期忌积水,所以发芽时以土面软而有水层、出苗后以土面湿而无水层为好。出苗后,每公顷用3 750～4 500千克稀粪水浇施,并充分利用冬前温光条件加速幼苗生长。紫云英对磷肥非常敏感,在抽茎前以过磷酸钙配合速效氮肥施用效果最好。在 12 月上旬至中旬,每公顷施土杂肥 6～7.5 吨和过磷酸钙 375～450 千克,可增强其抗寒能力。开春后每公顷追施尿素 30～60 千克。叶面喷施 0.2% 硼砂溶液 2 次,可提高鲜草产量 20%。晚稻收获后应盖草以防冻害,增施猪舍、牛栏粪肥和草木灰对紫云英防寒抗冻害也有一定效果。

紫云英主要有蚜虫、潜叶蝇、菌核病等病虫害。可用敌敌畏 1 000 倍液喷雾防治蚜虫、潜叶蝇,用 40% 灭病威 150 毫升或 70% 甲基托布津 75～100 克对水 50 升喷雾防治菌核病,用 18% 杀虫双 200～250 克对水 50～60 升喷雾防治豆荚螟。

(四)营养成分与利用方法 紫云英粗蛋白质含量丰富,并含有各种矿物质和维生素,茎叶鲜嫩多汁,适口性好,是各种家禽的优质饲料。花期干物质中,含粗蛋白质 25.8%、粗脂肪 4.6%、粗纤维 11.3%、无氮浸出物 41%。

紫云英可兼做绿肥与牧草,下部 1/3 及根部做绿肥,上部 2/3 可做饲料。从初花期至盛花期,紫云英的营养价值均很高,之后营养价值降低,所以用作鲜饲、青贮,制作干草或干草粉时,最好在初花期至盛花期利用。紫云英产量高,每年可刈割 2～3 次,每公顷产鲜草 22.5～37.5 吨,最高可达 60 吨。

六、救荒野豌豆

(一)分布 别名箭筈豌豆、大巢菜、春巢菜、普通巢草等。原产于欧洲地中海沿岸和亚洲西部地区。20 世纪 40 年代从美国引入我国西北地区,60 年代后在全国普遍推广,现主要分布于西北、华北地区和江苏省、云南省等地。

(二)植物学特性与生物学特性 救荒野豌豆属豆科、野豌豆属,一年生草本植物。主根稍肥大,分布在浅耕层中,侧根较多,具根瘤。株高 30～70 厘米,茎上升或借卷须攀缘,多分枝,有棱。叶为偶数羽状复叶,叶轴末端具卷须。小叶 4～8 对,倒披针形或倒卵圆形,全缘,长 13～25 毫米,宽 7～13 毫米,两面疏生短柔毛。托叶半箭头状。花腋生,2 朵左右,紫色或淡红色,长 20～26 毫米,有短花梗。子房疏被黄色柔毛。荚果稍扁,长 5～6 厘米,宽 5～7 毫米,含种子 5～7 粒。种子较大,圆形或扁圆形,颜色多样,有乳白、黑、粉红、黄白等色,千粒重 50～70 克。花期 6～7 月份,果期 7～9 月份,生育期 230 天左右。

救荒野豌豆喜凉爽气候,适宜生长发育温度为 14℃～18℃,种子成熟期要求温度为 16℃～22℃,抗寒性强,不耐热。适应性广,对土壤要求不严格,除盐碱地外,一般土壤均可栽培,耐瘠,但在肥沃土壤上长势好。适宜 pH 值为 5～6.8,不耐盐碱。喜潮湿土壤,耐旱而不耐水淹。具有一定的耐阴性。

(三)栽培技术

1. 播种前准备　播种前要精细整地,增施有机肥,一般每公顷可施 15～30 吨有机肥,还可以根据土壤情况增施磷肥和钾肥。救荒野豌豆有许多栽培品种,根据生育期可划分为早熟(80～100 天)、中熟(100～110)和晚熟(110～120 天)品种,应根据当地的气候、土壤条件,选择适宜生长的品种。

2. 播种　救荒野豌豆在我国北方于 4 月中下旬播种,在南方可提前 1 个月播种,可单播也可混播,一般以混播为主,可与谷类作物或禾本科牧草混播。单播可采用条播或点播,条播行距为 30～40 厘米,点播行距为 25 厘米,播深 3～4 厘米,覆土 2 厘米,用种量为每公顷 50～70 千克。

3. 田间管理　由于救荒野豌豆出苗能力差,而且苗期生长缓慢,应注意及时中耕除草,以防杂草压苗。在分蘗期和盛花期要浇水,同时追施磷、钾肥。

(四)营养成分与利用方法　救荒野豌豆叶量多、茎枝柔嫩、营养价值高、适口性好,是鹅只喜食的青绿饲料。其青干草含粗蛋白质 26.8%、粗脂肪 2.9%、粗纤维 25.6%、无氮浸出物 31.2%。

救荒野豌豆收割时间因利用目的不同而异。用于调制干草时,最好在盛花期至初荚期收获;用作鲜饲时,宜在初花期刈割,因为在开花和结实期有毒。以采种为目的时,可以在70%的豆荚变黄时收获。救荒野豌豆种子是家畜的精饲料,但因其中含有生物碱等有毒物质,饲用时必须经过浸泡、磨碎和蒸煮等处理。

第二节　禾本科牧草

一、多花黑麦草

(一)分布　又名意大利黑麦草。原产于欧洲南部、非洲北部及小亚细亚等地。在我国长江流域及其以南地区,如江西、湖南、湖北、四川、贵州、云南、江苏、浙江等省普遍种植。在东北及华北地区亦引种春播。

(二)植物学特性与生物学特性　多花黑麦草属禾本科、黑麦草属,为一年生或短寿多年生。须根密集,根系浅,主要分布于 15 厘米以上的土层中。植株高 80～120 厘米,茎呈疏丛状,光滑、直立。叶长 10～30 厘米,宽 3～5 毫米,浅绿色,叶耳大,叶舌小或不明显,叶鞘疏松。穗状花序,穗宽 5～10

毫米,长 10～30 厘米,每穗有小穗 30 个左右,互生于主轴两侧,小穗含 11～22 朵小花,故名多花黑麦草。种子千粒重 1.8～2.3 克。

多花黑麦草是温带牧草,喜温暖湿润气候,最佳生长气温为 18℃～25℃,分蘖适宜温度为 15℃。秋季和春季生长快。不耐严寒和干热,－10℃时会受冻死亡,而高于 35℃时生长受阻。不耐干旱,同时忌积水。耐盐碱,最适宜 pH 值为 6～7,pH 值为 5～8 仍适应。适宜在壤土或黏土上种植。

(三)栽培技术

1. 播种前准备 多花黑麦草种子小而轻,播种前需整地精细并深翻,耕深不少于 20 厘米。一般地表 5 厘米以内的土粒直径不应超过 2 厘米。每公顷施 22.5～30 吨优质粪肥作为基肥。

2. 播种 长江中下游地区秋播、春播皆可,但秋播产量较高。秋播宜在 9 月下旬进行,春播时间在 4 月下旬至 5 月上旬。播种方式一般以条播为宜,也可撒播。条播行距18～30 厘米,每公顷用种量 15 千克,播深 1.5～2 厘米;撒播每公顷用种量22.5 千克。播种后盖土 1 厘米左右并压紧。播后 6～8 天,种子开始发芽。也可育苗移栽,先在苗圃育苗,当苗高 20 厘米左右时,苗圃浇透水,起苗后带土移栽于苗床上,每穴 2 苗,穴距 25～30 厘米,保湿,1 周后即可返青生长。

3. 田间管理 多花黑麦草苗期要及时中耕除草,阔叶类杂草可每公顷用 75%"巨星"1 克或"好事达"45～60 克对水 750 升喷雾,单叶类杂草可用 6.9%"骠马"750～900 毫升对水 750 升喷雾。多花黑麦草喜湿但怕涝,要及时浇水、排水。在冬季和早春都要进行追肥,每次每公顷施用 112.5～150 千克尿素,氮肥能提高其产量和粗蛋白质含量。每次刈割 1～2

天后也要追肥,每公顷施尿素 90~120 千克,同时还要浇水。多花黑麦草易遭黏虫、螟虫等危害,要及时喷洒敌杀死、速灭杀丁等防治。

(四)营养成分与利用方法 多花黑麦草草质好,柔嫩多汁,适口性好,鹅只喜采食。其茎叶干物质中,含粗蛋白质 13.7%、粗脂肪 3.8%、粗纤维 21.3%、无氮浸出物 46.6%、粗灰分 14.8%。

多花黑麦草的供草期在 3 月下旬至 6 月初,其分蘖力好,再生性强,当株高 40~50 厘米时可开始割第一茬,以后每隔 20~30 天刈割 1 次,留茬高度 5~6 厘米,以利于再生。一般每公顷产鲜草 52.5~60 吨,可饲喂 4 500~5 250 只鹅。多花黑麦草适宜鲜饲、调制干草或青贮,鲜饲为孕穗期或抽穗期收割,调制干草或青贮为盛花期收割。多花黑麦草亦可放牧。

二、百 喜 草

(一)分布 百喜草又叫巴哈雀麦、美洲雀麦、金冕草。原产于巴西东南部、阿根廷北部、乌拉圭及其附近。我国于 20 世纪 80 年代末引种,现在长江以南地区种植,用于水土保持、牧草种植和草坪建植等。

(二)植物学特性与生物学特性 百喜草属禾本科、雀稗属,为多年生匍匐草本植物,根系发达,为须根系,种植当年的根深可达 1.3 米以上。植株高 70~85 厘米,具有粗壮的短匍匐茎,能节节生根入土。基生叶多,平展或折叠,叶片扁平,宽 0.3~1 厘米,长 20 厘米左右,叶色深绿,叶脉下陷。叶鞘绿色或紫红色,基部扩大。叶舌膜质,极短。异花授粉,总状花序,具 2~3 个穗状分枝,小穗 2 行,排列于穗轴一侧。种子为颖果,卵圆形,有光泽,千粒重 2.9 克。生长期为 4 月上旬至

11月中旬,花期为6～7月份,种子成熟期为8～9月份。

百喜草适于温暖湿润气候,耐高温,最适生长温度为28℃～33℃。不耐寒,生育初期若遇低温,生长极为缓慢。对土壤的适应范围广,在干旱贫瘠土壤、酸性红壤土、黄壤土上都能够良好生长,但最适宜于pH值5.5～6.5的沙质土壤。抗旱,干旱后其再生性很好。耐盐、耐水淹性不强。

(三)栽培技术

1. 播种前准备　选水肥管理方便的田地种植,每公顷地块施腐熟的有机肥7.5～15吨和复合肥750千克,翻耕、耙平、做畦待播。要求将表土平整、细碎,以提高播种成活率。种子必须做"松颖"处理,加河沙与种子混合轻搓,亦可用60℃温水浸种,去除颖壳蜡质,以利于发芽,然后每千克种子加钙镁磷肥0.5～1千克,用适量火土灰拌均匀后播种。

2. 播种　播期以5月份前为佳,也可用茎进行无性繁殖。播种采用撒播或条播,播后用腐熟有机肥和火土灰薄覆,再用稻草或农用塑料薄膜覆盖以保温和防雨水冲走种子。亦可育苗移栽,以4～6月份移栽为好,每公顷栽12万～30万株,栽后浇水2～3次。还可采用分蘖繁殖。

3. 田间管理　百喜草出苗后的2个月内管理至关重要。播种后,必须保持土壤湿润,待大部分种子出苗后应中耕除草,施肥。苗高12～15厘米时,可施些氮肥催苗。苗长至40厘米左右时,即可刈割。每次刈割后要及时补施氮肥,每公顷施250～300千克,以促进分蘖及芽点的发芽,维持生长旺势。而后每年春、夏和秋季可以施1次复合肥,每次每公顷不超过300千克。百喜草抗病虫害能力强,基本未见病虫害。

(四)营养成分与利用方法　百喜草具有良好的营养价值,尤其是春季时节饲草的品质非常好,是优良的牧草。其草质柔嫩,富含营养,粗蛋白质含量高,氨基酸种类全,鹅喜食。供青草期为 4～11 月份,一般每公顷可产鲜草 37.5～75 吨。

三、鸭 茅

(一)分布　也称鸡脚草、果园草。原产于欧洲西部及中部,现遍及世界温带地区。我国新疆、云南和四川等地有野生分布,在青海、甘肃、陕西、吉林、江苏、湖北、四川及新疆等地均有大面积栽培。

(二)植物学特性与生物学特性　鸭茅属禾本科、鸭茅属,为多年生草本植物,疏丛型。须根系,入土 1 米以上。株高 60～120 厘米,茎直立或基部膝曲,基部扁平。叶片柔软,长 20～30 厘米,宽 4～8 毫米,蓝绿色,叶缘略显弧形,幼叶呈褶叠状,基生叶繁多。叶鞘无毛,通常闭合达中部以上,上部具脊。叶舌长 4～8 毫米,顶端撕裂。圆锥状花序,展开,长 8～25 厘米,小穗多聚集于分枝的上部,通常含 2～5 朵小花,小花长 5～9 毫米。颖披针形,先端尖,长 4～6 毫米,具 1～3 脉。颖果长卵圆形,蓝褐色或黄褐色,千粒重为 1～1.2 克。7 月初开花,8 月初种子成熟。

鸭茅适宜湿润而温暖的气候条件,最适生长温度为 10℃～28℃,昼夜温差不宜过大,早春、晚秋生长良好,30℃以上发芽率低,生长缓慢。土壤适应范围广,在肥沃的壤土和黏土上生长最好,但在贫瘠干燥的土壤上也能生长。可耐 pH 值为 4.5～5.5,不耐盐渍。耐阴性较强,在遮蔽条件下生长正常。不耐长期浸淹。

(三)栽培技术

1. 播种前准备　由于鸭茅种子较小,幼苗期生长较慢,与杂草竞争力差,播种前要精细整地,彻底锄草,保证土细、肥均。每公顷施 22.5 吨农家肥和 300 千克磷肥作为基肥。

2. 播种 最适宜秋播,也可春播。春播以 3 月下旬为宜,秋播不迟于 9 月下旬,以防霜害。北方要在早秋播种,否则影响产量。播种方法有单播和混播,播种宜浅,稍加覆土即可,也可用堆肥覆盖。单播以条播为好,行距为 15～30 厘米,播深为 1～2 厘米,用种量为每公顷 11.25～15 千克。混播采用撒播或条播,宜与豆科、禾本科牧草(如红三叶、白三叶、多年生黑麦草)混播,用种量在灌溉区为每公顷 8.25～10.5 千克,旱作时为 11.25～12 千克。

3. 田间管理 幼苗期加强管理,适当中耕除草,施肥浇灌。鸭茅需肥较多,在生长季节和每次刈割后都要适当追施速效氮肥,这样可大大提高产量,但氮肥不宜施用过多。种子落粒性强,当花梗变黄时就应采收。

(四)营养成分与利用方法 鸭茅叶量多,草质柔嫩,营养丰富,含钙、磷多,适口性好,是鹅的优质饲草。抽穗期的茎叶干物质中含粗蛋白质 12.7%、粗脂肪 4.7%、粗纤维 29.5%、无氮浸出物 45.1%、粗灰分 8%。

鸭茅适宜鲜饲、调制干草或青贮,也适于放牧。放牧可在草层高 25～30 厘米时进行。鸭茅耐践踏能力较差,放牧不宜频繁,宜划区轮牧,但若放牧不充分,会形成粗糙的株丛,从而降低适口性。

收割在孕穗期进行为宜,此时的产量和质量均佳,刈割过迟,品质下降,还会影响再生。刈割留茬高 5～10 厘米。播种当年刈割 1 次,每公顷产鲜草 150 吨左右。第二、第三年产量最高,可刈割 2～3 次,每公顷产鲜草 225～300 吨。鸭茅是长寿命多年生草,一般可利用6～8 年,多者可达 15 年。

四、宽叶雀稗

（一）分布　原产于南美洲的巴西南部、巴拉圭和阿根廷北部等亚热带多雨地区，其栽培种由澳大利亚选育而成。我国于 1974 年从澳大利亚引入，现在南方地区广泛种植，是福建、广东、广西以及贵州南部边缘等温热湿润地区的当家禾本科牧草。

（二）植物学特性与生物学特性　宽叶雀稗属禾本科、雀稗属，是多年生草本植物，为丛生半匍匐。根系发达，属须根系，主要分布于 0～20 厘米的土层中。株高 60～120 厘米，分蘖能力强，单株蘖可达 18 个左右。茎秆粗短，外被柔毛。茎下部贴地面呈半匍匐状，茎节可生长不定根和新枝。叶宽大平展，长 10～30 厘米，宽 2.5 厘米左右，具细短纤毛。叶鞘暗紫色。叶舌膜质，有长纤毛。穗状总状花序，长 5～7 厘米，分枝 12～18 个。小穗孪生，绿色卵圆形，长 3～4 毫米。种子细小，卵形，颜色较深，千粒重 1.4 克左右。

宽叶雀稗是热带型禾草，喜温。生长适宜温度为 25℃～30℃，气温低至 7℃ 时生长受阻，连续霜冻或低于 0℃ 时会死亡。耐高温干旱，40℃ 左右时都能正常生长。对土壤要求不严，耐瘠瘠的酸性红壤，在 pH 值为 4.5 以下的红壤坡地里仍能生长。刈割再生性强，耐践踏。对麦角病具有一定的免疫性。在我国亚热带地区 3 月份播种，4 月初全苗，出苗 2 周后分蘖，5 月下旬拔节，6 月下旬抽穗，7 月中旬开花，8 月中旬大量结实。

（三）栽培技术

1. 播种前准备　宽叶雀稗种子较小，苗床需要精细整理，要清除杂草，耙碎表土，翻耕深度要达 15～20 厘米，施足基肥,一般每公顷施 15 吨有机肥和 225～300 千克磷肥。

2. 播种　宽叶雀稗适于在 3 月底至 4 月上旬、日平均温度达 15℃以上的湿润天气播种。适宜条播,用种量为每公顷 15 千克左右,行距为 30～50 厘米,播深 1～2 厘米,播后稍加细土覆盖。也可采用分株带根定植,株行距 40～50 厘米。

3. 田间管理　宽叶雀稗苗弱,易受杂草侵害,一般苗高 15～20 厘米时应中耕除草 1～2 次。出苗后利用雨天定苗补缺,成活后每公顷追施尿素 60～75 千克,促进早生快发。每次割草后一定要追施氮肥,每公顷施氮肥 225 千克左右,有利于其再生。宽叶雀稗种子成熟后容易脱落,应在种穗 1/2 变黄褐色时即分次采收。

(四)营养成分与利用方法　宽叶雀稗叶质柔嫩,适口性好,幼嫩鲜草可粉碎或打浆喂鹅。抽穗期时,宽叶雀稗干物质中含粗蛋白质 9.9%、粗脂肪 1.6%、粗纤维 30.4%、无氮浸出物 49.9%、粗灰分 8.1%。

宽叶雀稗种植后可长久受益。苗高 30～40 厘米时开始割草,留茬 5～7 厘米,在南方每年可刈割 3～4 次。刈割利用不宜过迟,迟则会造成草质粗硬,导致适口性下降。宽叶雀稗青草产量高,播种当年每公顷可产 45～46 吨,第二年产草量提高,可达 105～120 吨,第三年产量最高。宽叶雀稗亦可制成干草粉,是鹅只配合饲料的优良组成部分。

五、王　草

(一)分布　王草是由南美洲象草和非洲狼尾草杂交育成的,又名皇草,产量位居各种牧草之首。形如小斑竹,故又称"皇竹草"。王草最早由哥伦比亚热带牧草中心收集保存,在热带、亚热带和暖温带种植。1982 年由海南热带作物研究院从哥伦比亚引进我国,1998年11月经全国牧草品种审定委员会审定通过,确定品种名称为热研4号。适于在长江以南地区种植,在山东、甘肃、河北等省也引种成功,但需盖草或盖农膜保护越冬。

(二)植物学特性与生物学特性 王草属禾本科、狼尾草属,为宿根多年生草本植物。根系发达、密集,可入土3米以上。株高2~5米,茎直立,粗1.5~3.5厘米,抗倒伏能力强,茎上具节15~35个。叶片长条形,长160厘米左右,宽3~6厘米。圆锥花序,密生成穗状,长25~35厘米,小穗披针形,具小花2朵,雄蕊3枚。颖果纺锤形,浅黄色。王草分蘖能力强,单株每年可分蘖30~50株,但结实率极低,主要依靠营养繁殖。

王草喜温暖湿润气候,日平均温度15℃时开始生长,25℃~30℃时生长最快,不耐低温,低于10℃时生长受阻。对土壤要求不严,可种植在山地、荒坡、沙滩上,但在土层深厚、肥沃、持水力强的土壤上生长最好。在酸性红壤或轻度盐碱土上生长良好,可耐pH值为4.5~5的土壤。喜光,耐旱、耐瘠、耐湿。

(三)栽培技术

1. 播种前准备 选择土层深厚、肥沃的土地,翻耕、平整精细、除尽杂草。做畦,畦宽1米。开好排水沟,沟深30厘米。每公顷施45吨有机肥作为基肥。

2. 播种 3~4月份,日平均温度13℃~14℃的阴雨天种植最合适,5~11月份也可播种。一般采取茎段扦插,株行距0.5米×1米,穴深约7厘米,将健壮的植株切成含1~2个节的小段平放入穴中,芽眼向上,覆土踩实。1周左右即可出苗,出苗后按每公顷1.5万株定苗。亦可分株种植,即将株丛外围蘖生苗带根移植。

3. 田间管理 苗期要加强管理,铲除杂草。适时中耕松土,天气干旱要进行灌溉,遇水涝要及时排水。栽后 10 天左右,苗返青时每公顷用尿素 75 千克对水淋施。苗高 45～65 厘米时,清除杂草,松土,每公顷用尿素 225～375 千克对水淋施。每次收割后,每公顷用 225 千克尿素进行追肥。越冬时,可用塑料薄膜覆盖或用泥土覆盖,盖土厚度为 10～15 厘米,也可将宿根挖出,置于地窖中保温贮存,还可利用大棚过冬青苗。每年发苗前,每公顷施土杂肥 45 吨和磷肥 300 千克。

少见病害,偶有钻心虫危害幼苗,可用杀虫欢加敌杀死喷洒。

(四)营养成分与利用方法 王草营养丰富,其干物质中含粗蛋白质 4.4%～10%、粗脂肪 1%～3.6%、粗纤维 26%～40.5%、无氮浸出物 30.4%～49.8%。含 17 种氨基酸及多种微量元素、维生素,茎秆含糖量高,脆甜多汁,适口性好,是鹅的优质青饲料,还可青贮或调制干草。

一般在 5～11 月份进行收割,留茬 15～20 厘米为宜,1 年可收割 6～7 次,每公顷产鲜草 225～375 吨。注意要在晴天收割,割下的王草避免雨淋,以减少腐烂或营养成分的损失。王草再生能力强,在浙江省 6 月份收割后,第二天抽出的新苗即可达 5～10 厘米。宿根性能较好,1 次栽种,可连续收割 6～7 年。

六、墨西哥类玉米

(一)分布 又名大刍草、墨西哥类蜀黍。原产于墨西哥、美国、加勒比群岛以及阿根廷一带,在日本和印度也有栽培。我国于 1979 年从日本引到广东,后逐渐在福建、浙江、广西及长江流域推广。

(二)植物学特性与生物学特性　墨西哥类玉米属禾本科、类蜀黍属，为一年生草本植物。须根发达。植株高 2.5～4 米，直立，形似玉米，茎粗 1.5～2 厘米，分蘖多。叶片剑状、宽大，中肋明显，叶面光滑。雌、雄同株异花，花单性。雄花顶生，圆锥状花序。雌花生于叶腋中，每株 7 个左右，由苞叶包被，穗轴扁平，穗状花序，柱头丝状，延伸至苞叶外。每小穗长一小花，受粉后发育颖果，5～8 个颖果呈串珠状排列。种子椭圆形，成熟时呈褐色，颖壳坚硬，千粒重为 75～80 克。

墨西哥类玉米喜温暖湿润气候和高肥环境。最适发芽温度为 15℃，生长最适温度为 25℃～35℃，抗炎热，能忍受 40℃ 的持续高温。不耐低温霜冻，气温降至 10℃ 以下时停滞生长。在无霜期 180～210 天地区可以结实。需水量大，要经常保持湿润，但不耐水淹。对土壤要求不严，在 pH 值 5.5～8 的地区均可生长。

(三)栽培技术

1. 播种前准备　选择排水好、土层深厚的地块，深耕土地，施足基肥，每公顷施 25～40 吨有机肥，还要开好排水沟。

2. 播种　南方播种期为 3 月中旬至 5 月上旬，要适时早播。一般采取直播，用种量为每公顷 4.5～7.5 千克，穴距 60 厘米×60 厘米，播深 2 厘米，每穴播种子 2～3 粒。也可育苗移栽，要早育苗，苗高 15～20 厘米时即可移栽，株距 60 厘米×60 厘米，每穴 1 苗，植后浇水，产量比直播的高。

3. 田间管理　播种后 30～50 天内，幼苗生长慢，需中耕除草。苗长至 50～65 厘米时，要中耕培土护苗，以防倒伏。在分蘖期至拔节期追施氮肥，每公顷 75～150 千克。每次收割后，需中耕除草，同时每公顷追施速效氮肥 150 千克。抽穗开花后,要进行人工授粉,种子变褐时即可收获。

(四)营养成分与利用方法 墨西哥类玉米叶量大,品质好,茎叶鲜嫩多汁,味甜,适口性好,是鹅的优质饲料。其营养丰富,开花期的茎叶干物质中含粗蛋白质 9.5%、粗脂肪 2.6%、粗纤维 27.3%、无氮浸出物 51.6%、粗灰分 9%。

植株长至 1 米左右时即可进行刈割,留茬高度 13 厘米左右。一般相隔 30 天左右刈割 1 次,每年可刈割 3~5 次,每公顷可产鲜草 150~200 吨。墨西哥类玉米适宜鲜饲、青贮,亦可晒制干草。留种用的墨西哥类玉米地,不收割或收割 1 次后留种,每公顷可收种子 700~800 千克。

七、柱花草

(一)名称与分布 又名巴西苜蓿、热带苜蓿、笔花豆等。为热带型植物,原产于中南美洲及加勒比海地区,适宜热带、亚热带地区种植。1962 年引入我国,目前在广西、广东、海南、福建、重庆、四川、云南和贵州等地栽培。

(二)植物学特性与生物学特性 柱花草属豆科、柱花草属,为多年生草本植物。主根发达,入土可达 2 米,侧根较多,主要分布在地表 20 厘米土层,多根瘤。株高 1~1.5 米,主茎粗 0.3~0.8 厘米,多分枝,被茸毛。三出复叶,叶色深绿,小叶披针形,全缘,被有短茸毛,长 34~36 毫米,宽 6~7 毫米,叶柄长 4~6 厘米。复穗状花序,顶生或腋生,每个花序有小花 4 朵以上,花小、蝶形、黄色,花丝较短,花柱细长并弯曲。荚果小,棕褐色,每荚有 1 粒种子。种子椭圆形,淡黄棕色、褐色,具光泽,硬实率达 90%以上,千粒重 2.5 克。

柱花草喜高温、多雨气候。气温 15℃ 以上可持续生长,月平均温度在 28℃~34℃ 时生长最旺盛,不耐寒,0℃ 叶片脱落,重霜或气温降至-2℃时茎叶全部枯萎。适宜的年降水量为900～4 000毫米,能耐短暂的水浸,但也耐旱。对土壤要求不严,在沙质土、黏土上均能生长,但在肥沃的壤土生长最好。耐酸性强,在pH值4的酸性红壤中仍能生长。

(三)栽培技术

1. 播种前准备　柱花草种子细小,播种前需细致整地,清除杂草,深翻施肥,每公顷施有机肥22 500千克,过磷酸钙300千克。播前,种子用55℃温水浸泡55分钟或85℃的温水浸泡2分钟,还可用细沙擦破种皮,以提高发芽率。柱花草的根瘤菌是广谱的,一般不要接种,但播种时拌用豇豆根瘤菌仍有明显好处。

2. 播种　春播、秋播皆可,春播在3～5月份进行。一般直播,也可扦插繁殖和育苗移栽。直播可采用条播、穴播、撒播,用种量为每公顷12～22.5千克,播后略加盖细土。条播行距40～50厘米,播深为1～2厘米。穴播的行距80～100厘米,穴距40～50厘米,每穴7～8粒。扦插繁殖的最佳播期在4月底至5月初,采粗壮枝条(具4～6节),每穴3～5枝,入土2节,行距100厘米,穴距40～50厘米。插后连续数天浇水易于成活。育苗移栽时,将种子与河沙或细土拌和,均匀撒播于苗床,苗高20～30厘米时即可移植,在阴雨天移植为好,移植后浇定根水。

3. 田间管理　柱花草播后10天左右出苗,苗期生长十分缓慢,易受杂草遮盖,需中耕除草,还要追施氮肥1～2次,每次每公顷施尿素60～75千克。每次收割后也要追肥和灌溉,每公顷施尿素或复合肥150～225千克。柱花草种子成熟期不一致,易脱落,当种荚有1/2以上变成黄褐色时即可收获,一般每公顷产种子225千克左右。

（四）营养成分与利用方法 柱花草营养价值丰富,开花期茎叶干物质中,含粗蛋白质 15.3%、粗脂肪 1.4%、粗纤维 31.9%、无氮浸出物 43%。

柱花草长至 60～80 厘米时,即可进行第一次收割,留茬高度 30 厘米,每年可收割 2～3 次,每公顷可产鲜草 45 吨左右。割下的柱花草可用作鲜饲,但它生长前期具有粗糙的绒毛,影响适口性,可在阳光下暴晒 30 分钟变萎蔫后再饲喂。在生长后期适口性提高。柱花草最好与 70% 禾本科牧草混合饲喂。也可将刈割下的柱花草暴晒 2～3 天后,加工调制成干草粉,用作配合饲料。柱花草还可用于放牧,每隔 40 天左右轮牧 1 次效果很好。

第三节 菊科类和苋科类牧草

一、菊 苣

（一）分布 又名苦白菜。原产于欧州、亚洲中部及北非。20 世纪 70 年代末引入我国,现已推广到山西、四川、江苏、海南、广东、河南、河北、宁夏、甘肃、内蒙古、浙江、山东等省、自治区栽培。

（二）植物学特性与生物学特性 菊苣属菊科、菊苣属,为多年生草本植物。肉质根,主根明显、长而粗壮,侧根发达。为莲座叶丛型,叶期株高 40～80 厘米,抽薹开花期为 170～200 厘米。主茎直立,具条棱,中空,分枝偏斜。基生叶有25～38 片,长约 35 厘米,宽约 10 厘米,叶色深绿,质地脆嫩,折断后有白色乳汁。茎生叶小,互生,披针形。头状花序,紫色,单生于茎顶端或 2～3 个簇生于中上部叶腋。每个花序有

16～21 朵花,舌状花冠。种子细小,楔形,米黄色,千粒重 0.9～1.2 克。5 月份开花,花期长达 4 个月。

菊苣生育周期为 1～2 年,第一年为营养生长,第二年进入生殖生长,抽薹开花形成种子。喜温暖湿润气候,生长温度为 5℃～35℃,最适温度为 18℃～25℃,超过 35℃时易发生病毒病,低于－18℃时即遭受冻害。是长日照作物,一般中等光照强度为宜。喜肥水,土壤含水量保持 70%左右为宜,但也较抗旱。对土壤要求不严格,较耐盐碱。整个生育期很少染病虫害,在低洼易涝地区易发生烂根,及时排除积水即可预防。

(三)栽培技术

1. 播种前准备　菊苣种子小,播种前需深耕细耙,使地平土碎,以利于出苗。每公顷施腐熟有机肥 37.5～45 吨作为基肥。播种时最好用细沙与种子混合,以便播撒均匀。

2. 播种　春播、秋播均可,最低气温 5℃以上均可播种,以 4～10 月份为好。采用条播或撒播,每公顷用种量 4.5 千克,条播行距为 30～40 厘米,播深为 1.5～2 厘米,不能超过 3 厘米。还可育苗移栽,每公顷用种量 1.5 千克,或用肉质根育苗,将肉质根切成 2 厘米长的小段,再纵切 2～4 小块做催芽繁殖,待小苗长有 4～6 片叶时移栽。

3. 田间管理　苗期注意铲除杂草,出苗后 15 天至 1 个月内,去小苗、劣苗,保证行株距为 40 厘米×20 厘米,同时追施速效肥 1 次,每公顷施复合肥 300～450 千克。成株期要中耕除草 2～3 次。每次刈割后,需中耕松土,并追施速效复合肥 225～300 千克。雨水过多要及时排水。发现有褐斑病、立枯病和烂根死苗现象时,要及时拔除病株,同时用 50%多菌灵 500 倍液或 65%代森锌 500 倍液喷洒。种子成熟不一致,需随熟随收,或在月初大部分种子成熟时 1 次收获。

　　(四)营养成分与利用方法　菊苣茎叶柔嫩多汁,营养丰富,适口性好。鹅采食后,每 15 千克菊苣可增重 1 千克。莲座叶丛期时,菊苣干物质中分别含粗蛋白质 21.4%、粗脂肪 3.2%、粗纤维 22.9%、无氮浸出物 37%、粗灰分 15.5%。

　　菊苣一般多用于鲜饲,还可青贮或制成干粉。当菊苣株高 50 厘米左右即可刈割,一般 30 天刈割 1 次,1 年平均刈割 3～5 次,留茬高度为 5～10 厘米。最后 1 次刈割应在初霜来临前 1 个月进行,留茬高度应比平时高些,以利于越冬。菊苣产草量高,每公顷产鲜草 120～165 吨。菊苣作为青饲的利用期长,每年 3～11 月份均可刈割,刈割期比其他青饲料为长,且 1 次播种可连续利用 15 年。

二、苦荬菜

　　(一)分布　别名苦麻菜、山莴苣、苦苣、鹅菜。原产于亚洲,经过多年驯化选育,现已成为广泛栽培的高产、优质青绿饲料。在我国长江以南各省、自治区,包括广东、广西、云南、江苏、浙江等地都有大面积种植,20 世纪 70 年代大量引入北方试种,表现良好。

　　(二)植物学特性与生物学特性　苦荬菜属菊科、苦荬菜属,为一年或二年生草本植物。直根系,主根纺锤形、分杈,其上着生大量侧根和支根,根系多集中在 30 厘米的土层中。株高 1.5～2.5 米,茎直立,粗 1～3 厘米,圆形,壁厚,质软,幼时多髓质,老时中空,多分枝。全株含白色或黄白色乳汁,有苦味。基生叶丛生、无柄,茎生叶互生,叶片披针形或长椭圆条形,全缘齿裂或羽裂,长 33～50 厘米,宽 2～8 厘米。头状花序,多数在茎枝顶端排列成圆锥状。种子瘦果,长约 6 毫米,喙短,成熟时紫黑色,千粒重 1.2 克左右。

苦荬菜喜温暖湿润气候,种子发芽起始温度为 2℃～6℃,最适生长温度为 25℃～35℃。较耐寒,幼苗可耐-2℃低温。苦荬菜对土壤要求不严,微酸、微碱土壤均可种植,但在排水良好的肥沃土壤上生长最好。喜水怕旱,旱时要及时浇灌,怕涝,根部淹水易腐烂。

苦荬菜的生育期随气候带的不同而不同。在温带地区,一般于 4～5 月份出苗或返青,8～9 月份为结实期,生育期180 天左右。在亚热带地区,一般于 2 月底 3 月初出苗或返青,9～11 月份为花果期,生育期 240 天左右。

(三)栽培技术

1. 播种前准备 苦荬菜种子小而轻,幼芽顶土能力差,播种地块要清除杂草,翻耕细耙。每公顷需施用 45 吨有机肥作为基肥。种子中秕粒和杂质多,播种前要通过风选或水选。播前晒种 1 天,可提高发芽力。

2. 播种 苦荬菜从春到秋皆可播种,但以早春播种最为适宜。每公顷用种量为 7.5～9 千克。播种方式有条播、点播、撒播和育苗移栽。条播行距为 30～60 厘米,点播行距为50～60 厘米。撒播用种量增加 2～3 倍,均匀撒籽后覆土深1～2 厘米。育苗移栽在春节前后搭温床播种,苗高 10 厘米左右移栽,栽前浇透水,充分浸湿土壤,带土挖苗,行距为40～50 厘米,每隔 10～15 厘米栽 1 棵,栽后浇水。育苗移栽比直播延长生育期 15～20 天,增产率可达 30%。

3. 田间管理 苗高 4～6 厘米时,及时中耕除草。每次收割后要中耕并追肥,每公顷追施硝酸铵 150～225 千克或硫酸铵 225～300 千克,同时还要浇水。遇干旱或生长缓慢、叶色黄淡时,要及时追肥和浇水。苦荬菜病虫害较少,有时有蚜虫危害,可用 40％乐果乳油 1 000 倍液喷杀。

(四)营养成分与利用方法 苦荬菜叶量大,茎叶柔嫩多汁,适口性较好,蛋白质含量高,还含有较多的胡萝卜素、核黄素、维生素 C 等,是畜禽的优质青饲料。苦荬菜营养期干物质中含粗蛋白质 21.72％、粗脂肪 4.73％、粗纤维 18.03％、无氮浸出物 36.93％。苦荬菜的鲜茎叶中所含的白色汁液能促进畜、禽食欲,帮助消化,祛火防病。

苦荬菜适于放牧,也可刈割,放牧以叶丛期或分枝之前为最好,刈割饲喂以现蕾之前最为适宜。苦荬菜株高达 30～40 厘米时,即可开始刈割,留茬高度为 5～6 厘米,每隔 20～25 天收割 1 次,每年收割 4～6 次,每公顷年产鲜草达 75～105 吨。每公顷苦荬菜可养鹅 1 050～1 200 只,鹅体重在 3～4 个月内可达 4 千克以上,纯效益达到 12 000～15 000 元,是种植粮食作物的 5 倍以上。

三、籽 粒 苋

(一)分布 又名西黏谷、千穗谷、洋苋菜、猪苋菜和红苋菜等,是一种营养好、产量高、适应性广的饲料作物。原产于中美洲和南美洲,现已广泛传播于热带、温带和亚热带地区。籽粒苋在我国有着广泛的栽培地域,南北方均有种植,其中以华中、华南、华北为最多。因各地环境条件不同,籽粒苋形成了很多地方品种,大致有绿苋与红苋两种类型。

(二)植物学特性与生物学特性 籽粒苋属苋科、苋属,为一年生草本植物。株高为 2.5～3.2 米。根系发达,主要分布于地表 30 厘米土层中。茎直立,光滑、圆形、实心,浅绿色或红色,具沟棱,质地脆嫩,主茎粗 2～3 厘米,上有 25～35 个分枝。叶互生,全缘,卵状椭圆形或披针形,先端尖,绿色、紫红色或彩色。叶片正面平滑,背面叶脉突出。叶柄与叶片几乎等长。花小,单性,雌、雄同株。胞果卵形,盖裂。种子细小,圆形,黄白色、红黑色或黑色,有光泽,千粒重 0.6 克左右。出苗 40 天后即进入快速生长期,种后 2.5～3 个月结籽。

籽粒苋喜温暖湿润气候,耐高温,日平均温度 10℃以上才能出苗,植株在较高气温下生长迅速,且品质好。不耐寒,幼苗遇 0℃低温即受冻害,成株遭霜冻后很快枯死。为短日照作物。对土壤要求不严,但土质越肥,产量越高。较耐盐碱,抗病、虫能力强。

(三)栽培技术

1. 播种前准备　籽粒苋种子细小,播种前要精细整地,进行深耕使土壤耕作层疏松,打碎土块以免影响出苗。每公顷施有机肥 45 吨作为基肥。

2. 播种　籽粒苋在南方适宜播种期长,从 3 月下旬至 10 月上旬均可播种,北方在 4～7 月份播种,以早播的产量高。通常采用条播和撒播,每公顷用种量约 3 千克。条播行距 25～35 厘米。播种后以细土覆盖,厚度约 1 厘米,过深影响出苗,然后踩实。播种后 5～7 天出苗。还可育苗移栽,苗高 15 厘米左右即可带土移栽。

3. 田间管理　苗期必须除草以防杂草危害,还要及时间苗、定苗。苗齐后中耕 1 次,松土除草,然后每公顷施硫酸铵 60～75 千克,草木灰 375～450 千克。长出 3 片叶时进行第二次除草。苗高 8 厘米开始间苗,10～15 厘米后定苗,保证株距 10～15 厘米。株高 30～40 厘米时,应注意灌溉。株高 1～1.5 米时要培土。籽粒苋喜水肥,出苗 20 天后应追施氮肥 1 次,每次刈割后每公顷施尿素 75 千克。如以收籽粒为目的可打侧枝以保主穗籽粒饱满,或割顶穗以保侧枝穗的籽粒饱满。

(四)营养成分与利用方法　籽粒苋茎、叶柔软,适口性好,营养成分含量高,是优良青绿饲料。孕蕾期干物质中含粗蛋白质 23.7%、粗脂肪 4.7%、粗纤维 11.7%、无氮浸出物42.3%、粗灰分 17.6%。

当株高达 100 厘米以上时,即可进行刈割,留茬 30～50厘米。一般经 30～40 天后,可进行第二茬刈割。南方可刈割3～5 茬,每公顷可产鲜草 150～225 吨;在北方,1 年可刈割 2茬。籽粒苋可青饲、青贮或晒制干粉。养鹅时,青饲料用量随鹅的周龄不同而变化,1～10 周龄内,精、青料比逐渐增加,由1∶1 增加至 1∶4,而 10～13 周龄内,再由1∶4 逐渐降至1∶1.5。每公顷籽粒苋可供应 1 500～1 800 只鹅青饲料,增收节支 2 000 元左右。籽粒苋与其他饲料配合使用时,豆饼要占 20%。

籽粒苋每公顷可产种子 1 500～2 250 千克,其籽实营养价值高,赖氨酸含量比小麦、大麦和玉米高 1 倍多。

第六章　鹅的孵化

鹅是卵生动物,其胚胎发育主要依靠种蛋内部的营养物质和合适的外界条件。孵化就是指创造温度、湿度、空气等方面的适宜条件,使受精卵继续发育成新的个体而出壳成雏的过程。它是种鹅进行繁殖的一种特殊方法,通常分为天然孵化和人工孵化两大类。人们在长期的实践过程中积累了丰富的经验,发明了多种多样的孵化方法,其原理和宗旨是相同的,就是尽可能创造鹅蛋胚胎发育的理想条件,而获得高的孵化率和高质量的健雏。

种蛋孵化是发展肉鹅生产的关键环节,是养鹅生产的基础。孵化成绩的好坏,不仅影响鹅的数量增长,而且直接影响雏鹅的质量及今后生产性能的发挥。为了获得高的孵化率和高质量的健雏,必须做好种鹅的饲养管理和繁殖工作,做好孵化场地的建设、孵化设备的选择工作。同时,在孵化前保管好种蛋,孵化时保证合适的孵化条件,并经常对孵化效果进行检查和分析。

第一节　孵化场地建设

天然孵化时,对鹅的孵化房舍建设的要求相对简单。孵化房可建在种鹅舍附近,以便让母鹅就近抱窝。对孵化房的基本要求是:①周围环境应安静,冬暖夏凉,空气流通,开小窗使舍内光线较暗;②孵化房面积以每 100 只母鹅为 12～20平方米为宜,如果舍内用木架搭成双层或多层孵化架时,面积可适当减小；③舍内地面应夯实或铺水泥地、砖地，切忌有鼠洞，应比舍外高 15～20 厘米；④舍外设有水陆活动场地。

天然孵化每次孵化的鹅种蛋量少，不能适应养鹅业大规模发展的需要。人工孵化，特别是机械化和自动化的大型孵化机，则能有力地推动大规模的养鹅生产。另外，部分鹅品种，如四川白鹅、太湖鹅和豁眼鹅等，已基本没有就巢性（或仅极少数有此表现），必须通过人工孵化来繁殖后代。

一、场址的选择与布局

（一）孵化场地选择 孵化场是最怕污染的场所，也是最容易被污染的场所。孵化场应该是一个独立的隔离单位或部分。交通及通信和环境条件是场地选择的重点考虑对象，具体包括以下几个方面。

第一，交通及通信条件良好，但应远离交通干线（不少于500 米）和远离居民点（不少于 1 000 米）。

第二，远离禽场，通常不少于 1 000 米。孵化场如附属于种鹅场，则其位置与鹅舍的距离至少应保持 150 米，以免来自鹅舍病原微生物的横向传播。要远离粉尘较大的工矿区。

第三，地势高燥，水源充足，水质良好，排水良好。

第四，电力供应有保障，同时配备发电设备。

（二）孵化场的布局 根据不同的孵化规模和生产任务，孵化场的大小和布局有不同的规格。具体应考虑以下几个方面。

1. 隔离性 孵化场应为独立的隔离单元，与外界如工厂、住宅区、其他的孵化场或禽场保持可靠的隔离距离，而且孵化场应有专用的出入口。

2. 规模适宜 孵化场应视具体情况而确定规模。通常依每周或每次入孵蛋数,每周或每次出雏数以及相应配套的孵化机与出雏机数量来决定其规模大小。

3. 设计原则　在"收集种蛋→种蛋消毒→挑选种蛋→种蛋贮存→孵化室→种蛋再消毒→上蛋入孵→照蛋→落盘→出雏"的整个流程中,各工作间循环通畅,不能交叉往返。

4. 水电供应　必须确保用水和排水通畅,应注意供水量与下水道的修建。因为现代孵化设备的供温都使用电热,并用风机调节机内的温度和通风量。必须保证电力供应充足,要有备用发电机,或建立双路电源。

具体布局方式可以参照图 6-1。

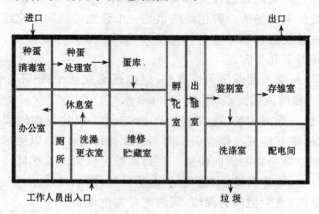

图 6-1　孵化场平面布局示意图

二、场内的卫生条件

加强孵化场卫生工作,是消灭和控制禽病传染源、切断传染途径、防止禽病扩散、提高孵化场信誉和经济效益的一项重要措施。

（一）孵化场的消毒及卫生

1. 地表卫生　孵化场用房的墙壁、地面和天花板，应考虑防火、防潮、隔热和便于冲洗。孵化室与出雏室之间应设缓冲间，既便于孵化操作，又有利于防疫。通常每次出雏用0.5％次氯酸钠溶液喷洒地面，每3天用拖布浸0.5％次氯酸钠溶液拖擦地面1遍。

2. 器具卫生　孵化器、出雏器外表及所有工具都应蘸0.1％新洁尔灭擦拭消毒；出雏当天彻底打扫出雏器和出雏室内卫生。出雏盘用1％次氯酸钠溶液浸泡12小时后，认真刷洗、冲净，晾干后推入出雏器内用甲醛熏蒸后方能使用。

3. 气流卫生　孵化场应有很好的排气设施，保证将孵化机中排出的高温废气排出室外，避免废气的重复使用。要向孵化室补充足够的新鲜空气。在自然通风量不足的情况下，应安装进气管道和进气风机。新鲜空气最好经空调设备升（降）温后进入室内，总进气量应大于排气量。环境温度应保持在22℃～27℃，环境相对湿度应保持在60％～80％。

4. 用水卫生　孵化场加湿和冷却用水必须是清洁的饮用水，禁用钙、镁含量较高的硬水。

5. 周围环境卫生　孵化场周围每周喷洒2％氢氧化钠溶液消毒1次。严格处理孵化废品，冲净并消毒排水沟。

（二）孵化场卫生管理

第一，各个孵化场要有专人负责卫生管理工作，并且严格执行卫生消毒制度。

第二，孵化场入口处应设消毒池，勤换消毒药，使之有效；孵化废品集中堆放，及时做好无害化处理。

第三，严禁工作人员将其他物品带入孵化场内。

三、孵化设备

良好的设备是提高孵化率和健雏率的关键因素,也是提高工作效率、节省劳力、节约能耗与资金的必要条件。设备的好坏直接与孵化场的经济效益及综合效益相关。

(一)传统孵化设备 我国传统的孵化方法有桶孵、缸孵、平箱孵化、炕孵、摊床孵化等。传统孵化方法的优点是设备简单,取材容易,成本低廉;缺点是费力费时,消毒困难,种蛋破损率高,孵化条件不易控制,孵化率与健雏率不稳定等。

1. 桶孵设备 桶孵法在华南、西南、中南各省普遍采用,主要用在种鹅蛋的孵化前期,其设备主要包括孵桶、网袋、孵谷、炉灶及锅等。孵桶通常为圆柱形木桶,也可用竹篾编织成圆形无底的竹箩代替,外表再糊数层粗厚的草纸或涂上一层泥沙,然后用纸内外裱光。桶高约 90 厘米,直径 60~70 厘米,每桶可孵鹅蛋 400~600 个。网袋即装蛋用的袋子,由麻绳编织而成,网眼约为 2 厘米×2 厘米,外缘穿一根网绳,便于翻蛋时提出和铺开,网长约 50 厘米,口径 85 厘米。每网可装鹅蛋 30~40 个,每层放两网。一网为边蛋,一网为心蛋,均铺平,使蛋成单层均匀平放。另外,孵桶壁要求厚实,有利于保温。

2. 缸孵设备 缸孵法主要在长江中下游各省应用,其设备包括孵缸、蛋箩等。孵缸由稻草和泥土制成,先将稻草编织成桶状,再抹上黏土即可。壁高约 100 厘米,内径约 85 厘米,缸厚约 10 厘米。铁锅置于中下部,用泥抹牢。铁锅离地面 30~40 厘米。锅内放几块砖,砖上放一块木制圆盘。蛋箩由竹篾编制而成,将其放于圆盘上面(蛋箩可以转动)。每箩放鹅蛋 400 个左右。缸壁下侧开 25~30 厘米的灶口,内放木炭火盆。灶口塞和缸盖均用稻草编成。通过控制炭火的大小、灶门的开闭、缸盖的揭盖来调节温度、相对湿度和通风换气。种蛋在缸内给温孵化至 15～16 日龄时可上摊床自温孵化。

3. 平箱孵化设备 平箱孵化分用电和不用电两种,在我国农村广泛使用。平箱由土坯、木材、纤维板等制成。平箱高157 厘米、宽与深均为 96 厘米,每箱可孵鹅蛋约 600 个。箱内设转动式的蛋架,共分 7 层,上下装有活动轴心,上面 6 层放盛蛋的蛋盘,蛋盘用竹篾编成,外径 76 厘米,高 8 厘米,底层放一空竹匾,起温度缓冲作用。四周填充旧棉絮、泡沫塑料等保温材料。平箱下部为热源部分,四周用土坯砌成,内部用泥涂成圆形炉膛,正面留一高 25～30 厘米、宽约 35 厘米的椭圆形灶门,热源为木炭。热源部分和箱身连接并焊一块厚约1.5 毫米的铁板,在铁板上抹一层薄草泥,以利于散热均匀。底部砌 3 层砖防潮。

4. 炕孵设备 炕孵多在我国东北、西北、华北地区采用。炕用砖或土坯砌成,炕上面铺麦秸或稻草,其上面再铺上芦席,四周设隔条,炕下设灶口,炕上设烟囱通向室外。炕的大小根据房舍大小及孵化量而定,一般炕高 65～70 厘米、宽180～200 厘米、长 300 厘米。每炕一般可孵鹅蛋 1 200 个。鹅蛋孵至 15～16 日龄可上摊床自温孵化。

5. 摊床孵化设备 摊床为木制床式长架,一般分为 3层,分别称为"上摊"、"中摊"、"下摊",摊间距离为 80 厘米。摊床由芦苇、竹席、稻草、木板、木条等共同组成,同时需备有棉被、毯子、单被等物用来覆盖保温。

(二)现代孵化设备 随着养鹅业的发展,传统孵化法的缺点凸显,各种现代孵化设备也就应运而生,各种类型的孵化机也相继问世。养殖场(户)必须因地制宜,严格、慎重地选择适宜的孵化设备,在保证孵化率和健雏率的同时,提高经济效益。

1. 孵化机　目前市场上有多种类型和型号的孵化机出售,国内以我国自行研制的为主。

(1)孵化机类型

①按容蛋量分　小型、中型、大型孵化机3类(目前通常以容鸡蛋数量的多少分)。

②按通风方式分　自动通风式与机械通风式2类。

③按供热方式分　电热式、水电热式、水热式等。

④按形状分　平面式、平面分层式、柜式、房间式等。

⑤按箱体结构分　箱式(有拼装式和整装式2种)和巷道式。

⑥按翻蛋方式分　平翻式、八角架式、跷板式、滚筒式。

⑦按操作程序分　孵化机、出雏机、孵化—出雏通用机、旁出式联合孵化机、上孵下出式、机—床联合式。

(2)孵化机特点　随着科技的发展,孵化机向机械化、自动化、通用化与标准化方向发展。其特点概括起来主要有:占地面积少,节省劳力;速度快,效益高;操作灵活,应变能力强;稳定耐用,安全可靠等。特别适合于大规模工厂化养殖。

2. 种蛋处理设备　为了提高孵化率,种蛋在入孵前需进行大小分级,同时做必要的清洗、消毒工作。

(1)特殊移蛋器　用于将种蛋吸起,通过缩小每排蛋的间距使之适合置于孵化盘上。

(2)种蛋分级器　按重量对种蛋进行自动分级。

(3)种蛋清洗机　种蛋很脏时宜用清洗机对种蛋进行清洗。

3. 其他辅助设备

(1)供水设备

①水软化剂和过滤器　对孵化场用水进行分析化验,如水中矿物质含量高,需用软化剂,并进行过滤处理。

②热水器　孵化场中热水需要量很大,如工作人员的淋浴、设备的清洗和消毒等,需配置适宜的热水器。

(2)检测鉴别设备

①照蛋器　孵化过程中对种蛋进行检测,将无精蛋、死胚蛋剔除。

②标准温度计　用以检测孵化温度,有水银温度计或酒精温度计、干湿球计,确保调节器的准确性和孵化温度的精确性。

(3)分装转运设备

①场内小车及半升降车　尽量减少种蛋箱、种蛋盘和雏鹅运输箱等在场内的转移,可使用这些工具车,便于转运。

②集蛋盘　鹅蛋在产蛋棚(箱)收集后,常置于专用的集蛋盘上(可用鹅蛋孵化盘代替)。

③雏禽箱　用于装1日龄雏鹅。

④雏禽分级器　雏禽分级传送带装置,雏鹅从出雏室窗口开始传送,工作人员坐在传送带两边,将符合标准的雏鹅挑出,淘汰雏鹅从另一端落下。也有的是将淘汰雏鹅剔除,合格雏鹅流动至另一端落到运雏箱内。还配有光电计数器,数值达到每箱容量时,传送带则暂停运转。

⑤工作台　配有转轮可移动工作台,供雏禽分级、雌雄鉴别、装箱及其他日常零星工作使用。

(4)清洁卫生设备

①真空吸尘器　吸除孵化场内的尘埃,保持良好的空气环境。

②压力泵　配备压力泵以提供必要的水压,用以冲洗地板、墙壁、孵化设备、孵化盘和出雏盘等。

③出雏盘洗涤机　使用自动出雏盘洗涤机,可节省时间和劳力。

(5)备用发电设备　孵化场应配置备用发电设备,当外界电力供应中断时可以自行供电。如果一般只是短暂的停电,备用设备仅需向出雏机供电即可。由外界供电转为备用设备供电,最好是自动启动,同时开关将负荷转换到备用电源上。

第二节　孵化工艺流程

种蛋孵化率高低除了和孵化技术直接相关外,还和种蛋的质量,如种蛋来源(种鹅的饲养、公母比例、防疫卫生等)、保存时间、蛋重、蛋形、蛋壳质量和清洁度等密切相关。所以,为了提高鹅蛋的孵化率,必须从种鹅饲养管理和整个孵化流程全面考虑。

一、种蛋的收集

调教母鹅在产蛋箱内产蛋,方便种蛋的收集。了解鹅群的产蛋时间,做好种蛋的收集工作。鹅的产蛋时间集中在后半夜至黎明前。因此,种蛋的收集时间可在凌晨4时和早晨6～7时分2次收集。

种蛋应保持清洁,尽量避免粪便污染和破损。为此,产蛋箱内的垫料要铺足,同时要保持清洁和干燥。垫料以吸湿能力强的材料为佳,通常采用的有刨花、稻壳、花生壳、甘蔗渣、稻草或干草等。勤集蛋可降低破损率和减少污染,有利于保证种蛋的质量。收集的种蛋应放入规格合适的蛋盘内,便于搬运和贮放。育种场孵化时应在集蛋时于蛋上标上母鹅号，以便于进行系谱登记。

二、种蛋的处理

（一）种蛋的选择 种蛋品质对孵化率和雏鹅质量均有很大影响，是决定孵化率高低的内在因素，也关系到雏鹅的质量和以后的生活力。鹅产蛋较少，种蛋的成本较高，所以把好种蛋关至关重要。应根据种蛋外观品质、蛋龄、内部营养及来源等方面的优劣在孵化前进行仔细挑选。

1. 种蛋来源

第一，种蛋来源清楚可靠，做种用的种蛋系谱要清楚，最好来自本场，自繁自养。

第二，要求种鹅高产、健康无病，严格按免疫程序接种疫（菌）苗，来源于没有鹅传染病的非疫区，且卫生防疫条件好。

第三，要求种鹅群饲料报酬高、饲料营养全面（尤其是维生素和矿物质饲料饲喂适宜）、管理良好。

第四，种鹅群应无近亲关系（鹅群近交系数高，孵化率就低），鹅群公、母比例适宜（为获得受精率高的种蛋，一般公、母配比小型鹅为 1∶6～8，中、大型鹅为 1∶3～5）。

第五，种鹅年龄不宜过老、过小。老龄鹅因生理功能衰退，所产种蛋壳薄而脆、气孔大、失水率高，且生殖器官疾病增多。鹅龄过小则种蛋蛋重偏小，孵出的雏鹅也小，影响仔鹅的生长速度和品质。

2. 外观品质

（1）蛋形 蛋形应正常，过长、过圆或腰鼓形及橄榄形的畸形蛋都会影响孵化率，甚至出现畸形雏。蛋形以长椭圆形为好，蛋形指数应在 1.4～1.5 范围内（蛋形指数＝蛋的纵径

÷横径)。以豁眼鹅蛋为例,蛋形指数在 1.4～1.55 范围内孵化率最高(88.2%～88.7%),健雏率也最高(97.8%～100%);蛋形指数小于 1.39 和大于 1.6 时,死胎率增高、健雏率降低。

(2)蛋重 种蛋大小和该品种成年鹅体重大小成正比,同一品种内个体也是如此。每一品种一般有一个品种标准,同一品种内过大或过小的蛋其孵化率都会受到影响。所以,不同的品种,种蛋大小要求不一,必须按照品种特点,选择大小适中的匀称种蛋入孵,过大和过小的种蛋均须剔除。蛋重选择要符合品种的标准蛋重,如豁眼鹅蛋重 120 克,狮头鹅蛋重217.2 克,皖西白鹅蛋重 142 克,四川白鹅蛋重 146.3 克,太湖鹅蛋重 139.3 克,选择时可在标准蛋重上下浮动 5～10 克。通常出壳雏鹅体重为蛋重的 70% 左右。蛋重过小孵出的鹅小,出壳时间提前;蛋重过大则孵化率低,出壳时间推迟。

(3)蛋壳 种蛋的壳面要清洁,表面要光滑,蛋壳的结构要正常,致密均匀,厚度应在 0.33～0.35 毫米之间。蛋壳过薄或壳面粗糙的沙皮蛋、腰鼓蛋、皱纹蛋、蛋壳过于致密的钢皮蛋(敲击时有钢铁声)、硌蛋(蛋壳一部分凹陷)、补壳(蛋壳一部分另加一层好似补丁一样)等应一律剔除。

3. 内部品质 种蛋的内部品质是决定孵化效果的主要因素,应作为重点进行选择。在种蛋入孵前,应随机抽查部分种蛋进行照检和解剖测定,如有下列现象发生,且发生率较高者不能作为种蛋。

(1)气室异位 气室不在大头而在小头、腰部或气室流动。

(2)盯壳 贮存时间较长的种蛋,气室增大。加之未翻蛋或翻蛋不勤、翻蛋角度太小等使蛋黄粘于蛋壳上,形成"红钉"

或"黑钉"。

(3)胚胎死亡 由于运输或保存种蛋期间受高温影响,卵黄开始发育,后又因温度降低而死亡所致。表现为气室边缘有淡红色的圈,胚盘亦有出血点。

(4)内壳膜破裂 气室内灌注蛋白,空气浮于蛋白的顶端,蛋白内有气泡。

(5)蛋白、蛋黄异常 蛋白或蛋黄上有异物、寄生虫、上皮碎屑、血块等;系带断脱引起蛋黄在蛋白内任意游动;蛋黄浅黄,转动很快,打开蛋壳后将其置于平面上不凸堆而较平展;蛋白稀薄,打开后流散范围宽,流动性大。

另外,种蛋还必须营养丰富,因为鹅胚的发育全靠种蛋供给营养物质,只有营养丰富的种蛋,才能满足胚胎正常发育的营养需要。入孵前可以通过以下 3 种方法来检查种蛋营养是否丰富:一是调查种鹅群饲粮全价性及饲养管理的规范化程度;二是检查种蛋的蛋壳品质如何,通过破蛋率、畸形率以及沙皮蛋所占比例来判断;三是采用抽样检查法,打破种蛋观察其蛋白浓稠度及蛋黄的黄色深度。

4. 新鲜度 种蛋要新鲜,种蛋蛋龄愈短(即保存的时间愈短),胚胎的生命力愈强,孵化率也愈高。从形态上,可以用观察法和光照透视检验法(即照蛋法)来检查种蛋的新鲜度。新鲜蛋蛋壳干净,黏附有石灰质的微粒,像是一薄层霜状粉末,没有光泽。气室很小,蛋白黏稠,蛋黄圆形且完整清晰。转动鹅蛋时,蛋黄表面无血丝、血块。通常孵化率随着种蛋新鲜度的下降而下降,具体原因是新鲜而无破损的蛋,其蛋白具有杀菌特性。随着保存时间延长,这种杀菌特性就会不断降低。而且水分蒸发过多,引起蛋内 pH 值改变,系带和卵黄膜变脆,胚胎衰老以及蛋内营养物质变性,蛋壳表面微生物侵入蛋内,从而降低胚胎的活力。

5. 清洁度 种蛋要保持清洁,蛋壳上不得有粪便或其他脏物污染。脏物会堵塞鹅蛋气孔,妨碍气体交换(得不到应有的氧气和排不出二氧化碳),而且易被细菌入侵,引起蛋白腐败,从而使胚胎发育不正常,死胚增加,孵化率降低,雏鹅质量下降。脏蛋不但本身孵化率低,还会污染附近的正常胚蛋及孵化器,增加死胚数量,使孵化率下降,雏鹅质量降低,所以应设法消除或避免脏蛋。轻度污染的种蛋用 0.1%新洁尔灭(用 40℃左右温水稀释)溶液擦洗,抹干后可以作为种蛋入孵。种蛋保存时不能水洗。

6. 受精率 受精率是影响孵化率的主要因素,判断受精率高低最准确的办法,是在种蛋中抽样,打开后看受精蛋所占的比例。生产中常需考察引进种蛋的鹅群年龄,公、母比例要适当,饲养管理要科学,鹅群应有适当面积的水面运动场进行配种和活动,并用第一批种蛋孵化成绩来判定。一般于交配 5 天后开始选留种蛋,要求种蛋受精率能达到 85%~90%(具体指标根据品种特性确定)。

(二)种蛋的保存 收集起来的种鹅蛋,往往不能及时入孵,需要保存一段时间。如果保存条件差,保存的方法不合理,也会导致种蛋品质下降,影响孵化率。因此,应严格按照种蛋对环境、温湿度及时间的要求进行妥善保存,以保证种蛋的品质。禽类胚胎发育的临界温度(也称生理零度)为 23.9℃,超过这个温度胚胎就会恢复发育。温度过低(如 0℃),虽然胚胎发育仍处于静止休眠状态,但胚胎的活力下降,-2℃时胚盘死亡。种蛋保存应建有专用的种蛋库。

1. 种蛋的保存条件

(1)温度 温度是保存种蛋最重要的条件。由于受精卵在蛋的形成过程中已开始发育,种蛋产出母体时,胚胎发育暂时停止,而后在一定的外界环境下又开始发育。当环境温度较高,但只要这种温度达不到胚胎发育的适宜温度,则胚胎发育是不完全和不稳定的,容易造成胚胎早期死亡。当环境温度长时间过低时(0℃),虽然胚胎发育仍可处于静止状态,但胚胎的活力下降,以至死亡,-2℃时则胚盘死亡。所以,通常不得在高于24℃或低于2℃的环境下保存种蛋,最适保存温度为13℃~16℃,一般将种蛋保存于15℃,但根据保存时间的长短应有所区别。种蛋保存3~4天的最佳温度为22℃,保存4~7天的最佳温度为16℃,而保存7天以上者,应维持在12℃。

(2)湿度 种蛋保存期间,蛋内水分通过蛋壳上的气孔不断向外蒸发,其速度与贮蛋室里的相对湿度成反比。外界湿度过低,蛋内水分损失过多,气室增大,蛋失重过多。为了尽量减少蛋内水分蒸发,必须提高室内湿度,一般种蛋房的相对湿度应保持在75%~85%为宜。而相对湿度过高则种蛋容易受潮乃至生霉变质。用水洗过的种蛋,更不易保存。所以,种蛋不能水洗,也不宜向种蛋喷水。另外,贮蛋室必须保持恒温,否则相对湿度也将随之变动。

(3)保存时间 种蛋保存的时间与孵化率成反比。种蛋保存2周以内,孵化率下降幅度小;保存2周以上,孵化率下降较显著;保存3周以上,则孵化率急剧下降。种蛋合理的保存时间应视气候和保存条件而定,春、秋季节不宜超过7天,夏季不宜超过5天,冬季不宜超过10天,而一般以产后1周内为宜,3天内最好。在不加特殊措施的情况下,种蛋保存4~6天孵化率下降1%~2%;以后每增加1天孵化率降低2%~4%;保存时间达半个月的种蛋,其孵化率降为44%~

56%,出壳时间推迟 4～6 小时；保存 1 个月的种蛋已失去孵化能力。

2. 种蛋的保存方法

（1）环境　种蛋应放在专用贮存室内，而且至少应将其隔成 3 间，1 间用作种蛋的清点、接收、选择和装箱，1 间专供贮存种蛋，另 1 间专供消毒用。这对大型的孵化场来说尤为重要。保存种蛋的房间，要保持通风良好，清洁，无特殊气味。堆放化肥、农药或其他有强烈刺激性物品的地方，不能存放种蛋，以防这些异味经气体交换进入蛋内，影响胚胎发育。另外，还要防尘、防蚊和防老鼠，无阳光直射，无冷风直吹。规模化种鹅场的种蛋库应有空调设备。

（2）翻蛋　将种蛋码放在蛋盘内，蛋盘置于蛋盘架上。为了防止蛋黄胚盘与壳膜粘连，以致胚胎早期死亡，必须定时进行翻蛋，并使蛋盘四周通气良好。蛋黄比重较轻，总是浮在蛋清上部，如果保存时间超过 1 周，最好每天进行 1～2 次翻蛋。翻蛋也称转蛋，只要改变蛋的角度就行，不必从上往下倒，角度常为 45°左右。

（三）种蛋的包装和运输

1. 种蛋的包装　种蛋可用专用蛋箱，也可用厚纸箱、竹筐或铁筒等容器包装。不论用什么容器，都要在容器内用干燥锯末、稻草、糠壳、刨花等松软填充物隔离好（包装用具及填充料要预先消毒），防止种蛋互相碰撞而破损。种蛋装箱时必须每箱装满，且应使蛋的大头朝上或平放，尽量排列整齐，以减少在运输过程的破损率。

2. 种蛋的运输　运输过程中应该尽量维持种蛋的保存条件，特别要注意温度。冬季要做好保温防寒工作，防止冻伤、冻裂，运输车内温度不低于 0℃；夏季则要避免日晒和高温,防止水分蒸发过多,避免在 25℃ 以上的气温下运送种蛋,并要防止雨淋受潮。要求包装、填充良好,运输工具平稳,防止碰撞和剧烈颠簸、震动,强烈震动可招致气室移位、蛋黄膜破裂、系带折断等。另外,在装车和卸车时需要轻拿轻放。

(四)种蛋的消毒 鹅蛋产出之后容易被粪便、垫草污染。因此,种蛋收集后应及时消毒,然后再送到贮蛋库存放。

种蛋消毒在特别设计的小室内进行,种蛋必须置于蛋托内,而不是蛋箱内进行消毒。消毒的目的是杀死蛋壳表面的各种微生物。从理论上讲,应在蛋产出后马上消毒,这样才能消灭大部分的微生物,但在实际生产中难以实施。因此,比较可行的办法是每天集完蛋后立刻在鹅舍消毒室或运至贮蛋库消毒,在种蛋入孵前还要进行二次消毒处理。常用的种蛋消毒方法有以下几种。

1. 福尔马林、高锰酸钾熏蒸消毒法 即通常所说的熏蒸法,这是标准的消毒方法,具有消毒效果好、操作简便等优点,大、小型孵化场都适宜采用。福尔马林(含 40% 甲醛的无色带强烈刺激性气味的液体)在高锰酸钾的作用下会急剧蒸发,从而通过熏蒸来消毒。在孵化场的消毒室进行消毒时,每立方米用 42 毫升福尔马林和 21 克高锰酸钾,调节温度在 20℃～24℃、相对湿度 75%～80%,封闭熏蒸半小时,效果很好,可杀死蛋壳上病原体的 95%～98.5%。如在孵化器里消毒,则在入孵后马上进行,一般采用福尔马林 28 毫升、高锰酸钾 14 克,熏蒸 20 分钟。在国内,多采用入孵时消毒,每立方米空间用福尔马林 14 毫升、高锰酸钾 7 克,熏蒸 0.5～1 小时。在实际操作中还可以在蛋盘架上罩以塑料薄膜进行消毒。这样缩小了体积,可节约消毒剂的用量。在使用熏蒸消毒法时,应注意下列几点。

第一,种蛋在孵化器里熏蒸消毒时,应避免 1~4 日胚龄的胚蛋受到熏蒸消毒。因为上述药物对 24~96 小时的胚胎有不利影响。

第二,福尔马林与高锰酸钾的化学反应剧烈,工作人员应按规程操作,防止药液溅到人体或消毒气体被人吸入。应采用陶瓷或玻璃容器盛放。操作顺序为:先加少量温水,后加高锰酸钾,再加入福尔马林。

第三,种蛋从贮蛋库移出或从鹅舍送至孵化场消毒室后,如蛋壳上凝有水珠,熏蒸时对胚胎不利,应当尽量避免。方法是提高温度,待水珠蒸发后,再进行消毒。

第四,熏蒸消毒时,要关闭门窗、风机和进出气孔。熏蒸后应开启风机充分通风并排出熏蒸气体。

2. 新洁尔灭消毒法 按 1∶1000(5%原液+50 倍水)配成 0.1%的溶液,用喷雾器喷于种蛋表面,或将种蛋置于 40℃~45℃的新洁尔灭溶液中浸泡 30 分钟。也可用 1∶5000 浓度的溶液喷洒或擦拭孵化用具。该稀释液切忌与肥皂、碘、碱、升汞和高锰酸钾等配用,以免药液失效。

3. 紫外线照射消毒法 紫外线灯在距种蛋高度 40 厘米处照射 1~2 分钟,蛋的背面再照射 1~2 分钟,可杀灭种蛋表面的细菌,可提高孵化率 5%左右。此法适用于对刚捡的种蛋消毒。

4. 氯消毒法 将种蛋浸入含有活性氯 1.5%的漂白粉溶液中 3 分钟,注意应在通风处操作,消毒液的温度应高于鹅蛋的温度。否则,种蛋受冷收缩,病原体容易进入,从而使孵化效果受到影响。

5. 碘溶液消毒法 取碘片 10 克和碘化钾 15 克,溶于 1000 毫升水中,再加入 9000 毫升水,配成 0.1%碘溶液。将种蛋浸入 1 分钟,取出晾干。消毒液浸泡种蛋 10 次后,碘浓度减小,可延长浸泡时间到 1.5 分钟,或再添加部分碘溶液。

6. 高锰酸钾消毒法 以 0.2%～0.5%高锰酸钾溶液浸泡种蛋 1～3 分钟,取出晾干。此法适于农家火炕加热水袋孵化法,每批入孵蛋量 500 个左右,将种蛋放入高锰酸钾水溶液内浸泡,效果很明显。蛋壳虽然变成褐色,但对孵化效果无不良影响。

7. 百毒杀喷雾消毒法 每 10 升水中加入 50%百毒杀 3 毫升,喷雾或浸渍种蛋进行消毒。百毒杀对细菌、病毒、真菌等均有消毒作用,没有腐蚀性和毒性。

种蛋的消毒方法很多,但迄今为止仍以福尔马林、高锰酸钾熏蒸消毒法和新洁尔灭消毒法最为普遍。这是因为它们消毒效果好,又便于操作。

三、孵化的条件

受精蛋离开母体后,胚胎的发育主要靠蛋内的营养物质和适宜的外界条件,如温度、湿度、通风、凉蛋和翻蛋。入孵季节、日龄、孵化方法不同,其所需要的条件也有差别。在孵化过程中应根据胚胎的发育,严格掌握温度、湿度、通风、翻蛋和凉蛋等,给以最适宜的孵化条件,满足胚胎发育的要求,才能获得最佳的孵化效果和最高的健雏率。

(一)温度 温度是鹅胚胎发育中最主要的条件。在孵化过程中,胚胎发育对于温度的变化非常敏感,适宜的孵化温度是鹅胚胎正常生长发育的保证,正确掌握和运用孵化温度是提高孵化率的首要条件。

孵化过程中的给温标准受多种因素影响,应在给温范围内灵活掌握运用。小型鹅种蛋给温应稍低于中、大型鹅种蛋;

夏季室温较高时,孵化温度应低于冬、春季节。孵化期内孵化温度总的要求是前高后低,在孵化的中、后期严防超温。一般情况下,鹅胚胎适宜的温度范围为 37.8℃～38.2℃,温度过高、过低都会影响胚胎的发育,严重时可造成胚胎死亡。如果孵化温度超过 42℃,经 2～3 小时以后会造成胚胎死亡;相反,孵化温度低,胚胎发育迟缓,孵化期延长,死亡率增加。如果温度低至 24℃时,经 30 小时胚胎便全部死亡。孵化温度受外界气温、风向、风力、雨雪等自然条件的影响很大,随季节、气候、孵化方法和入孵日龄不同而略有差异。室内温度低时,孵化器温度就应高些;室内温度高时,孵化器温度就应低些。深秋、冬季、早春室温应保持平衡,最好维持在 27℃～30℃。否则,胚胎容易受凉,影响发育。立体孵化器常采用以下两种施温方案。

1. 恒温孵化(分批入孵) 在孵化生产实践中,因受孵化机数量或每批可入孵种蛋数量的限制,特别是在种蛋来源不充足的情况下,需要采用分批陆续入孵的孵化制度,这时应当采用恒温孵化法,即在整个孵化阶段采用一个温度标准(如37.8℃),只有到了移盘后的出雏阶段才降温 0.5℃左右。通常孵化器内有 3～4 批种蛋,充分利用胚胎的代谢热作为热源,以满足不同胚龄种蛋对温度的需要,既可减少"自温"超温,又可节约能源。采取恒温孵化时,新老蛋的位置交错放置,一般机内空气温度控制在 37.5℃左右(室温 23.9℃～29.4℃)。但有人认为,恒温孵化的成绩并不十分理想,因为自然孵化时,各日龄、各部位的温度也不恒定。

2. 变温孵化(整批入孵) 在鹅胚孵化过程中,胚胎发育的阶段不同,所需要的孵化条件也有所不同,宜分阶段设置不同环境采用全进全出制进行孵化。孵化初期,胚胎的物质代谢处于初级阶段,产热量较少,又无体温调节能力,需要比较稳定和稍高的温度,以刺激糖类代谢,促进胚胎发育。孵化中期,随着胚胎的发育,体内产热逐渐增加,孵化温度应适当降低。孵化后期,胚胎产生大量体热,这时可利用胚胎的自温进行摊床孵化。如果在出雏前不降低孵化温度,就会妨碍体热的散发,积聚有害的代谢产物,致使胚胎死亡。所以,鹅蛋的孵化多采用变温孵化。变温孵化法采用的是前期高后期低、逐渐降温的给温制度,即"前高、中平、后低"的原则。按整个孵化期算,平均温度仍然保持在最适宜的孵化温度范围内。值得强调的是,所谓适宜温度,实质上是要维持适宜的蛋温,而不仅仅是机温。此法是适用于种蛋来源充足的情况下所采用的孵化方法。具体做法是将整个孵化期分3个或4个阶段。如果将孵化期分为3个阶段,则分别为1～14天,15～28天,29～31天;温度分别为38℃,37.5℃,36.5℃。如果分为4个阶段,则分别为1～9天,10～18天,19～28天,29～31天;温度分别为38℃,37℃,37℃,36.5℃。后者适合有一定规模的孵化场,前3个阶段在不同的孵化机内,设置不同的温度和湿度进行孵化,最后1个阶段(入孵29～31天)在出雏机内进行。也有采用机、摊结合的方法,在22天以后转入摊床孵化。另外,由于品种、孵化方式或热源、通风方式、种蛋数量等的不同,所需温度均有所不同。控制技巧在于掌握"看胎施温"技术和眼皮感温方法,以保持蛋温高低始终适宜,胚胎发育一直正常,从而取得满意的孵化效果。

值得注意的是,孵化温度还受孵化机性能、种蛋类型以及外界气温等因素的影响,需视具体情况加以灵活掌握。在使用各种型号的孵化机时,应按说明书规定的温度施温,通过使用验证予以调整,确定适宜的孵化温度。大型鹅的蛋大,蛋壳也较厚,温度要求稍高一些。许多孵化室的室温随季节气温变化而变化,从而影响机内温度,一般以室温 18℃～20℃、机温 37.8℃ 为基础,如室温变化范围在 12℃～32℃ 之间,机内温度相应升降 0.3℃～0.8℃。

另外,胚胎发育对孵化温度也有一定的适应能力,但是超过给温范围会影响胚胎的正常发育。胚胎对高温十分敏感,胚胎的致死界限较窄,危险性较大。例如,胚蛋的温度达到 42℃,胚胎经 3～4 小时就会全部死亡。低温对胚胎的致死界限较宽,危险性也相对较小。在孵化温度不稳定时,高温造成的损失比低温要大得多,而且无法补救。生产中应按要求把温度控制准确而稳定,尤应注意防止发生高温烧胚现象。

(二)湿度　在孵化过程中,湿度与种蛋内水分蒸发和胚胎物质代谢有密切的关系。湿度不足,蛋内水分会加速向外蒸发;湿度过高,妨碍蛋内水分蒸发,也会影响胚胎正常的物质代谢。鹅为水禽,孵化时要求湿度略高,总的范围是 60%～80% 之间。孵化室的湿度应保持在 60%～70% 为宜,孵化器的湿度按前高、中低、后高的原则掌握。

孵化前期,胚胎要产生羊水和尿囊液,要从空气中吸收一些水蒸气,为了使胚蛋受热良好,并减少蛋中水分的蒸发,湿度要求稍高,为 65%～75%。

孵化中期,随着胚胎发育,胚体增大,胚胎要排除羊水、尿囊液及代谢产物,保持湿度 50%～60% 为宜。

孵化后期,即出雏前 3～4 天和出雏时,为了有适当的水分和空气中的二氧化碳产生碳酸,使蛋壳中的主要成分碳酸钙变为碳酸氢钙而使蛋壳变脆,有利于胚胎破壳,并防止蛋壳膜和蛋白膜过分干燥粘连,顺利破壳出雏,应恢复到入孵初期的较高湿度(65%～75%)。特别是当雏鹅出壳达 10%～

20%时,应将湿度提高到 75% 以上,以促使雏鹅顺利出壳。

(三)通风 通风也是孵化的重要条件之一,特别是在气压低的地区更为重要。胚胎在发育过程中,需不断地进行气体交换,吸收氧气,排出二氧化碳。孵化过程中进行通风换气,可以不断提供胚胎需要的氧气,及时排出二氧化碳,还可起到均匀机内温度,驱散余热等作用。气体交换随着胚胎的增长而增多,为了保持胚胎正常的气体代谢,孵化时必须通风以保证新鲜空气的供给,而且胚胎对空气的需要随胚胎发育阶段的进展而不同。

孵化初期,物质代谢很低,胚胎通过卵黄囊血液循环系统利用蛋黄内的氧气,需要空气很少,所以孵化器上的气孔可以关闭。而以后随着孵化时间的增加,通气孔需慢慢加大。孵化中期,胚胎代谢作用逐渐加强,对氧气的需要量增加。尿囊形成后,通过气室、气孔利用空气中的氧气。孵化后期,胚胎从尿囊呼吸转为肺呼吸,每昼夜需氧量为初期的 110 倍以上。要求机内氧气含量不少于 18%,最佳含量为 21%,胚胎周围空气中二氧化碳含量不得超过 0.5%。当通风不良时,二氧化碳急剧增加到 1%,可使胚胎发育迟缓,或胎位不正,或招致胚胎畸形或引起中毒死亡;达到 2% 以上时就会使孵化率急剧下降;如果达 5% 时,孵化率可降至零。孵化后期臭蛋、死胚及出壳时污秽空气增多,更有加强换气的必要。一般死胚大多发生在出雏前夕,通风换气不良是一个重要原因。

在生产中,孵化器具有通风装置,提供的新鲜空气远比实际需要量多,只要通风系统运转正常,正确控制进、出气孔,一般不会发生氧气不足和二氧化碳浓度过高的问题。若采用整批孵化,在孵化前期可以不开或少开通气孔,随着胚胎日龄的增加,再逐步加大或全部打开通气孔。通风与温度、湿度的控制有密切的关系。通风不良,空气不流通,湿度增大,温度不均匀;通风量过大,温度、湿度又不易保持。因此,应合理地调节通风换气量,通风与机内温度的调节要彼此兼顾。冬季或早春孵化时,机内温度与室温的温差较大,冷、热空气对流速度增快,故应注意控制通风量。夏季机内温度与室温温差小,冷、热空气交换的变化不大,就应注意加大通风量。

(四)翻蛋 翻蛋同样是重要的孵化条件。胚胎密度最轻,浮在密度较轻的蛋黄表面,如果长期不翻蛋,胚胎在温度影响下发育变大,就与蛋白膜接触逐渐粘连在一起,成为"粘壳蛋",造成胚胎死亡。翻蛋还能促进羊膜运动,改善羊膜血液循环,并使胚胎不断地变换胎位,使之各部受热均匀,有利于胚胎发育,也有助于胚胎的运动,保持胎位正常。此外,翻蛋还可大大改善气体代谢,提高胚胎的活力。

翻蛋时间自入孵起至落盘时(鹅胚蛋为 28 日龄止),每2～4 小时翻蛋 1 次。孵化前期应多翻,后期宜少翻,翻蛋的角度以水平位置前俯后仰各 45°为宜,一般控制在 45°～90°。动作要轻、稳、慢。机械孵化还要上下倒盘,摊床要把边缘蛋与中心蛋对调,翻转 180°。

(五)凉蛋 凉蛋是通过除去覆盖物或打开机门,抽出孵化盘或出雏盘、蛋架车来迅速降低蛋温的一种操作步骤。凉蛋与否取决于蛋温的高低。鹅胚胎发育到中期以后,由于脂肪代谢增强而产生大量的生物热,需要及时凉蛋。实践证明,凉蛋具有重要的生物学意义。它有助于鹅蛋的散热,促进气体代谢,提高血液循环系统功能,增加胚胎调节体温的能力,因而有助于提高孵化率和雏鹅品质。凉蛋还可以交换孵化机内的空气,排除胚胎代谢的污浊气体。

鹅蛋在孵化 16 天后开始凉蛋。凡孵化后期的胚蛋,用眼皮测温感到烫眼时就应立即凉蛋,凉蛋的时间及次数以眼皮感觉温而不凉时为宜。凉蛋的方法应根据孵化时间及季节而定。对早期胚胎及在寒冷季节,凉蛋时间不宜过长,对后期胚胎和在热天,应延长凉蛋的时间。早期胚胎,每次凉蛋时间一般在 5～15 分钟,后期可延长到 30～40 分钟。凉蛋的方法有以下两种。

一是机外凉蛋。从孵化 15～16 天起将蛋盘移出机外,每次放凉至蛋温降到 30℃ 左右。在夏季凉蛋时蛋温不易下降,可以在蛋表面喷温水珠(25℃～30℃),达到快速凉蛋的目的。

二是机内凉蛋。只要关闭电路,停止给温,打开机门让风机继续运转。每日降低机温 2 次,每次 30 分钟左右,每次降至 32℃～35℃,然后恢复正常孵化温度。另外,还有逐期降温法,即从孵化初期的 37.8℃ 降至孵化末期的 37℃。

在人工孵化工作中,凉蛋是在与翻蛋和通风换气的同时进行的。应该看到,凉蛋的本质是降温,当孵化室温度适当,胚胎发育也不过快,就不必进行凉蛋。只有在孵化室温度偏高、胚胎发育过快时才需凉蛋。

四、孵化效果的检查

孵化效果的检查和分析,是提高鹅蛋孵化率和雏鹅存活率的基本措施。种蛋在孵化过程中,通过照蛋、称蛋重、解剖以及啄壳出雏时的一系列检查,可及时发现胚胎发育是否正常,了解胚胎死亡情况。进而分析其原因,并采取相应的措施进行调整,以提高孵化效果和经济效益。

(一)照蛋分析

1. 照蛋的意义 照蛋是利用蛋壳的透光性,通过阳光、灯光透视检查种蛋在孵化期间的胚胎发育情况,从而判断孵化条件是否适宜。同时通过照蛋可以筛选出无精蛋和死胚蛋,这样可更充分地利用孵化机的容蛋量;了解入孵蛋的受精率和胚胎死亡情况,以便分析其原因。拣出的无精蛋可供作食用。剔除死胚蛋和破壳蛋,以防止因其变质腐败而污染活胚蛋和孵化机以保持机内清洁卫生。

2. 照蛋方法及分析 照蛋的用具设备,可因地制宜就地取材。最简便的是在孵化室的窗或门上,开一个比蛋略小的圆孔,利用阳光透视。其次是采用方形木箱或铁皮圆筒,同样开孔,其内放置电灯泡或煤油灯,将蛋逐个朝向孔口,稍微转动对光照检。目前,多采用手持照蛋器,也可自制简便照蛋器。照蛋时将照蛋器透光孔安在蛋的大头下逐个点照,依次将蛋盘的种蛋照完为止。此外,还有装上光管和反光镜的照蛋框,将蛋盘置于其上,可一目了然地检查出无精蛋和死胚蛋。

为了增加照蛋的清晰度,照蛋室须保持黑暗。传统照蛋法在门窗上利用太阳光照时室内除照蛋孔外的其他门窗都用布遮光。用照蛋器照蛋时最好在晚上进行。照蛋之前,如遇严寒照蛋室应加温,将室温提高至 $28℃\sim30℃$。照蛋时要逐盘从孵化器中取出。照蛋操作力求敏捷准确,如操作过久会使蛋温下降,影响胚胎发育而延迟出雏。

种蛋在孵化期间,照蛋的次数视孵化场的规模、孵化机类型以及照蛋器的类型而定。照蛋过程包括头照、二照和三照。第一次照蛋主要观察胚蛋正面,即有胚珠一面,看胚珠发育,查出无精蛋和死胚蛋;二照重点观察背面,检查尿囊在蛋的小头是否"合拢",即尖端是否透明;三照是为了了解胚胎孵化后期的发育情况,看气室大小,边缘界限是否明显、是否全部发暗等。通常使用平面孵化机容蛋量较少,可分头照、二照和三照 3 次。头照在第六、第七天进行,应及时剔除无精蛋、死胚蛋,并检查种鹅的受精率以及种蛋的保存条件等是否适宜。二照在第十五、第十六天进行,此时发育正常的胚蛋尿囊在小头"合拢"。三照可进行抽样检查,作为孵化后期调整孵化条件、按时出壳的参考。通过照蛋,根据不同时期胚胎发育的程度,作为调整孵化条件的依据。立体式大型孵化机容蛋上万个,头照、三照两次全照,二照时只抽样检查尿囊膜是否在蛋的小头"合拢"。至于巨型巷式孵化机,其孵蛋量更多,孵化条件比较稳定。如种蛋新鲜、受精率较高时,只在胚蛋转移到出雏机时进行 1 次照蛋。这种做法的优点是可减少照蛋的工作量和破蛋率,缺点是不能及时剔除无精蛋和死胚蛋,往往引起死胚蛋变质发臭,污染孵化机。所以,在生产上头照还是十分必要的。

各次照蛋时胚胎发育的特征(通称蛋相标准),头照俗称"起珠"或"双珠",二照称"合拢",三照称"闪毛"。若 75% 以上的胚蛋符合标准要求,只有少数胚蛋稍快或稍慢,死胚蛋占受精蛋总数的比率头照为 3%~5%、二照为 2%~4%、三照为 2%,就说明孵化条件掌握得当,胚胎发育正常。如果只有少数胚蛋符合要求,死胚蛋的比率高,说明孵化温度偏低。如果绝大多数胚胎发育超过标准要求,而死胚蛋在同一日龄中显著增多,是短期超温所致。照蛋出现胚胎发育不正常、死胚率偏高,说明温度太高或太低,应立即采取措施升温或降温。调整温度幅度的大小应根据胚胎发育快慢程度而定。如属于机内局部超温应采取补救措施,排除温差,同时注意相应地调节湿度和通气。各期照蛋特征见图 6-2。

(二)失重率检测　即种蛋重量变化检查。种蛋在孵化过程中,随着胚龄的增加,胚蛋由于水分的蒸发,蛋白、蛋黄营

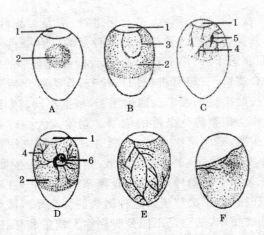

图 6-2　头照、二照、三照胚蛋示意图

A. 头照无精蛋　B. 头照死胚蛋　C. 头照弱胚蛋

D. 头照正常蛋　E. 二照正常蛋　F. 三照正常蛋

1. 气室　2. 卵黄　3. 血圈　4. 血管　5. 胚胎　6. 眼睛

养物质的消耗,蛋重会逐渐减轻。减重程度与湿度大小密切相关,同时也受蛋的大小、蛋壳厚薄、温度高低以及气流快慢等影响。孵化后期的胚蛋重量为入孵蛋重量的 70%～73%,出壳雏体重约为入孵蛋重的 2/3。种蛋孵化过程的失重表现为前快、中慢、后快,失水率随胚龄延长而增加,二者呈正相关关系。鹅胚蛋的失水率通常为:5 日龄 1.5%～2%,10 日龄 3%～5%,15 日龄 6%～8%,20 日龄 9%～10%,25 日龄 11%～12.5%。

在实际生产中,可通过胚蛋失重大小来判断孵化条件及胚胎发育是否正常。具体方法如下:入孵之前,将蛋盘称重,然后装上种蛋后再次称重。在总重量中减除蛋盘的重量即为入孵时种蛋的重量(计算平均蛋重)。如孵化的种蛋数量少,可随机抽取 50～100 个,做上记号,称重并计算平均蛋重。入孵蛋多可按 5%～10%比例进行抽测。以后定期称重时应减去无精蛋和死胚蛋数,以活胚蛋的重量计算平均蛋重。先算出本次称重所减轻的百分率,然后根据鹅胚蛋在孵化期中的减重率进行核对,检查是否相符。如不相符,应根据失重率相差的高低幅度来调整孵化设备的湿度。

(三)啄壳、出雏和雏鹅检查　在正常的孵化条件下,孵化至第二十九天就可见到啄壳现象,啄壳后 12 小时就可见出雏,一般第三十天的后半天到第三十一天的前半天是出雏的高峰阶段,正常的出雏时间从开始出雏至全部出雏约持续 35 个小时。结合出雏情况的观察和雏鹅健康状况的检查,并与孵化记录、孵化成绩一起分析,总结经验,不断提高孵化效果。

胚蛋转移到出雏机后直至出雏时,要观察胚胎啄壳和出雏的时间、啄壳状态、大批出雏及最后出雏时间是否正常。具体分析指标如下:①如果出雏时间正常,啄壳整齐,出壳雏鹅大小强弱比较一致,死胚蛋占 6%～10%,可说明种蛋的品质优良,孵化的温度、湿度、通风、转蛋和凉蛋等孵化条件掌握正确;②壳被啄破,但幼雏无力将壳孔扩大,这是因为温度太低、通风不良或缺乏 B 族维生素所致;③啄壳中途停止,部分幼雏死亡,部分存活,这可能是孵化过程中,种蛋大头向下、转蛋不当、湿度偏低、通风不良、短时间超温或温度太低等原因造成的;④如果出雏时间提早,幼雏脐部带血,弱雏中有明显"胶毛"(出壳雏鹅的绒毛被蛋白粘连)现象,死胚蛋超过15%,但二照时胚胎发育正常,则可能是二照之后温度过高或湿度太低所致;⑤出雏时间推迟,体质差、腹大、脐环凸起的弱雏较多,死胎明显增加,而在二照时胚胎发育正常,这可能是二照之后温度偏低、湿度偏高所致;⑥出壳时间拖延很长,与种蛋贮存太久,贮存不当,大小蛋、新旧蛋混在一起入孵,孵化过程中温度维持在最高界限或最低界限的时间过长,以及通风不良有一定关系。

雏鹅出壳后,应对雏鹅外形进行检查,从雏鹅的卵黄吸收、脐部愈合、绒毛、神态和体型、体重等方面着手。若是种蛋品质优良、孵化条件良好、胚胎发育正常,则雏鹅体格健壮,精神活泼,体重合适,绒毛整洁、色泽鲜艳、长短合适,脐环闭合平整、腹部收缩良好。此外,还要注意雏鹅有无畸形、瞎眼、弯喙、卷趾、脐环闭合不全,卵黄是否全被包入腹腔内,骨骼有否异常弯曲,以及有没有出现脚、翅麻痹,站立不稳等情况。具体情况分析如下:①幼雏粘连蛋白,是由于温度偏低、湿度太高、通风不良造成;②幼雏与壳膜粘连,是因为温度高,种蛋水分蒸发过多,或湿度太低,转蛋不正常所致;③脐部收缩不良、充血,是由于温度过高或温度变化过剧、湿度太高、胚胎受感染所致;④幼雏腹大而柔软,脐部收缩不良,是因为温度偏低,通风不良,湿度太高所致;⑤胎位不正,畸形雏多,原因是种蛋贮存过久或贮存条件不良,转蛋不当,通风不良,温度过高或过低,湿度不正常,种蛋大头向下,用畸形蛋孵化,种蛋运输受损等。

(四)死胚蛋剖检诊断 种蛋品质不良和孵化条件不适当时,死胚往往出现许多病理变化。因此,每次照蛋后,特别是最后1次照蛋和出雏结束时,如果胚胎死亡数超出正常死亡数,应将死胚进行解剖。检查死胚外部形态特征,判别死亡日龄,然后剖检皮肤、肝、胃、心、肾、胸腔、腹膜以及气管等组织器官,注意其病理变化,如贫血、充血、出血、水肿、肥大、萎缩、变性以及畸形等,从而分析其致死原因。必要时将死胚蛋做微生物检验,检查种蛋品质,是否感染有传染性疾病。

在孵化过程中,如没有观察胚胎发育情况,当出雏时发现孵化成绩下降时,应通过死胚的解剖和观察,分析胚胎死亡原因,改进孵化管理。随意取 50 个死胚蛋煮熟后剥壳观察。具体诊断方法如下。

第一,如部分蛋壳被蛋白粘住,表明尿囊没有合拢(凡是不合拢的部位其蛋壳必然被蛋白粘住),说明胚胎发育不正常引起后期吸收不良,这是在孵至 18 日龄前出的毛病。如果头照出现"三代珠"(即"起珠"快慢不一,弱胚蛋多),要从 1～7天温度上找原因。种蛋不新鲜,也会出现"三代珠",尿囊不"合拢"比例也大,而且尿囊不"合拢"部位较大的胚蛋,出壳雏鹅"胶毛"严重。

第二,如果蛋壳整个都能剥落,表明尿囊合拢良好,是后期的毛病;如果死胚浑身裹蛋白,是在 18～22 天时出的毛病,因为在 25 天左右的胚龄时,其蛋白应全部吸收完。

第三,如死胚身上已无蛋白,那是 25 天至出壳期间温度掌握不当,特别是温度偏高产生的毛病。

第四,如出雏时温度偏高,常出现"血漂"(啄壳部位淤血,是由于鹅胚受热而啄破尚未完全枯萎的尿囊血管出血所致)、"钉脐"(肚脐有黑血块,因鹅胚受热而提前出壳,尚未枯萎的尿囊血管的血淤在肚脐处)、"穿漂"(挣扎呼吸,喙部突出)、"拖黄"(肚脐处拖有尚未完全进入腹中的卵黄)、"吐黄"(啄壳部位有卵黄往外淌,雏鹅挣扎弄破卵黄囊所致)等现象。

(五)出雏后蛋壳内容物检查 出雏初期,常需对出雏后蛋内残留的尿囊、胎粪和蛋壳内壳膜进行检查,如发现有红色血样物,则表明湿度不够。适当地喷些水将有利于出壳,因为在正常温、湿度条件下,出壳后蛋壳内壁是很干净的。

(六)死亡曲线分析 由于种种原因,受精蛋的孵化率不可能达到100％,即在孵化期间总有一些胚蛋会死亡,而且在各个阶段死亡的比例大体上有一定的变化趋势。所以,为了便于检查对照,可将在孵化过程中的死胚率高低绘制成正常死亡曲线图,一般死亡曲线随孵化率的高低不同而略有差别。

正常情况下,胚胎发育过程中有2个死亡高峰时期:第一个高峰是在孵化的7天左右,第二个高峰是在孵化的25~28天。鹅蛋通常按入孵蛋计算其孵化率在85％左右,其中无精蛋数量不超过5％,头照的死胚蛋占2％,8~17天的死胚蛋占2％~3％,18天以后的死胚蛋占6％~7％,后期死胚率约为前、中期的总和。为了便于检查胚胎死亡原因,每次照蛋时剖检死胚蛋判别其死亡日龄,并登记数量,即可绘制胚胎死亡曲线,然后与正常死亡曲线比较,对照检查每一批的具体孵化结果,确定死胚比较集中的时间(亦即死亡率超过一般曲线的时间)。知道了问题发生的时间范围,就便于进一步查清原因。

当胚胎死亡曲线异常,如孵化前期死胚数量增加,多属遗传因素、种蛋贮藏或凉蛋不当、种蛋消毒不当、孵化温度太高或太低、翻蛋不足所致。孵化中期死胚率高,多属种蛋中维生素和微量元素缺乏、温度不当或种蛋带有病原体所致。后期死胚数量增加,多属孵化条件不正常、遗传因素影响、胚胎有病、气室异位等造成。如果在孵化过程中某一日死胚数量增多,很可能是突然超温或低温所造成。

第三节　孵化方法

鹅蛋的孵化方法可分为天然孵化法与人工孵化法两类。其中人工孵化法又可分为传统孵化法和机器孵化法。

一、天然孵化法

天然孵化是利用母鹅的抱窝性能,让母鹅自己进行孵化种蛋的方法。长期以来,我国广大地区,特别是有抱性的鹅品种(如皖西白鹅、浙东白鹅等)所在地区,都选用天然孵化。在能源缺乏而不具备人工孵化条件的地方,或一些交通不便难购幼雏的地方,仍采用这种方法。其特点是设备简单、费用低廉、管理方便等,但孵化数量有限、受季节限制且影响母鹅下蛋。

(一)抱窝母鹅的选择 具有抱性的母鹅,一般每产 9~14 个蛋后就开始抱窝。在每产一窝蛋的后期,母鹅开始衔草垫窝,将其他母鹅产的蛋盘在腹下,甚至产蛋时啄自己胸部的羽毛覆盖在蛋上面,且有羽毛耸立,喷气吓人,啄人手,连续 3 天以上蹲空窝等就巢行为时,即是开始抱窝的征兆。

用于抱窝的母鹅其就巢性要强,最好是产蛋 1 年以上已有抱窝习惯的母鹅。如果用没有孵化习惯的新母鹅,可设置假蛋或孵化用的淘汰蛋 3~4 个让其试孵,当母鹅安静孵化后再将种蛋放入窝内,并随时注意观察,防止母鹅弄破蛋或在抱窝中间离窝。孵化过程中通常须留有后备孵化的母鹅,以应不时之需。如果没有抱窝的母鹅,可用具有抱性的母鸡代替,但孵化量应减少。在鹅的繁殖季节一般不需试孵,因为此时有不少母鹅陆续抱窝,随时可替换抱性不强的母鹅。

(二)孵化前准备

1. 种蛋 按种蛋选择的要求,剔除不合格蛋,并逐个编号,注明日期与批次,便于日后管理。

2. 孵巢 应选择安静、背风、光线较暗的环境,可直接利用产蛋窝孵化,也可用较矮的竹篓做成直径 45~50 厘米的孵巢。孵巢高度适中,以便于孵化管理。窝内垫上干净、柔软的垫草,厚薄适宜并使巢底铺成凹锅形,先放入"引蛋",让母鹅熟悉抱窝后再放入 10～12 个鹅蛋。最好在晚上入孵,以利于母鹅安静孵化。

(三)孵抱期的操作管理

1. 抱窝母鹅的鉴定　入孵后的 2～3 天,注意观察母鹅抱蛋的表现。凡是站立不安、经常进出的必须及时用抱性强的母鹅替换。

2. 人工辅助翻蛋　母鹅虽会自己翻蛋,但不均匀。为了提高孵化率和出雏率,一般在入孵 24 小时后每天定时人工辅助翻蛋 2～3 次,将窝中心的蛋和窝边的蛋互换,面蛋与底蛋对换,并及时做好记录,以免重复或遗漏翻蛋工作。因为鹅蛋体积大,含水量低,蛋白黏稠,所以翻蛋时角度要大,以便于胚胎转动,最好前后转动 55°角,即翻蛋 110°角(用红笔在蛋的纵向画一条线,以便翻蛋时能进行辨认)。另有报道,鹅蛋转动 180°角可获得更好的孵化效果。翻蛋时首先将鹅提出,翻完后再捉入,这样翻得均匀,又不易破损。

3. 保持孵巢清洁　翻蛋的同时整理孵巢,发现破蛋或垫草潮湿沾污要进行更换,保持孵巢清洁。

4. 照蛋　孵抱期内一般照蛋 2～3 次,头照在入孵后 7～8 天、二照在 15 天、三照在 27～28 天进行。通过照蛋及时剔除无精蛋、死胚蛋等,并观察胚胎发育的情况。如发现蛋壳破裂,但蛋壳膜未破,可用薄纸粘贴后继续孵化,如蛋壳膜已破,应及时剔除。照蛋后及时并窝,多余的母鹅可以入孵新蛋,也可催醒促其恢复产蛋。

5. 就巢母鹅的饲养管理　母鹅抱窝 1 个月,体能消耗很大,逐渐消瘦,体重明显下降。若饲养管理不当,母鹅会中途离窝,个别母鹅甚至会死亡。在孵抱过程中,要做到定时离窝、喂食、饮水、活动和戏水等,补充母鹅的营养需要,维持母鹅的身体健康。

入孵后 1~10 天,隔天离窝 1 次,头几次需人为地捉鹅离窝,建立条件反射后母鹅会自动离窝。每次离窝时间为 30~40 分钟,让其采食饲料,然后赶入水中,水塘里撒上青料,让它边采食、边嬉水、洗浴。待鹅排粪、羽毛完全干透后,将其赶回窝内继续孵化。如遇雨天,可在舍内喂料和运动 30~40 分钟,不放水,以免鹅体羽毛沾水带泥,羽毛难干。母鹅离窝的时间长短应按气温和胚龄而定,天气热,胚龄长,离窝时间可长些,相反则短些。母鹅离窝期间,蛋表面上应覆盖薄棉絮等保温物。

入孵后 11~27 天,改为每日上午离窝 1 次,每次离窝时间可延长到 40~60 分钟,雨天不能下水。

入孵后 28~31 天,为防止雏鹅出壳前因母鹅体重大而踩破或压坏胚蛋,应及时把胚蛋移到出雏竹筐中,并盖以适当的覆盖物保温。同时,强制母鹅离窝,随群放牧,加强补饲。

另外,孵化室内应保持安静,避免任何骚扰,防止鼠、兽危害。为避免母鹅营养消耗过多,影响体质和产蛋,大批孵化时可以采用母鹅轮流孵化的方法。也就是 1 只母鹅孵化 15~20 天,换上新抱窝的母鹅继续孵化,原来孵化的母鹅可催醒产蛋。

6. 辅助出雏 当种蛋孵化至 27~28 天时,就可不用母鹅孵化,因为母鹅体重大而笨重,脚粗蹼宽,容易踩破胚蛋,压死胚胎。此时可将巢里的胚蛋移置摊床或出雏筐中,利用自温来出雏。孵化至 29~30 天时,要注意胚胎啄壳和出雏情况,及时将已出壳的雏鹅拿出,以免被母鹅踩死。如果雏鹅啄壳较久而未能出壳,可进行人工助产,把雏鹅的头部拉出壳外。但一定要在尿囊干枯时进行,助产时如有出血现象,应立即停止。

二、传统人工孵化法

由于鹅的孵化期长达 31 天,因而用就巢的母鹅孵化,一是占用母鹅影响产蛋,二是出雏分散不易管理,故采用人工孵化较为理想。常见的传统人工孵化有炕孵化法(北方多采用此法)、平箱孵化法(南方多见)、桶孵法、缸孵法、摊床孵化法等。下面介绍前两种常用方法。

(一)炕孵化法 如前所述,炕孵化法主要分布于华北、东北和西北各省,需要火炕、摊床和棉被等设备和器材。火炕像北方冬季保暖用的土炕,用土坯砌成,大小视屋子和孵化量大小而定,通常炕面高 65 厘米、长 300 厘米、宽 200 厘米。炕面抹泥厚度一般为:炕头 15 厘米,炕梢 6 厘米。炕厢内填充细沙,细沙要使炕头低、炕梢高,保持沙面距炕底面 25 厘米并与炕底面平行,目的是使炕各部位温度一致并好烧。炕面用牛皮纸糊严(防止冒烟和尘土飞扬),然后铺一层麦秸,再铺上苇席,四周设隔条。炕下设有灶口,烟囱通向室外,并要高于房檐,顶部要有防雨设备。当种蛋孵化到中期以后通常转至摊床,进入摊孵期。摊床可以另外配置,也可以设在炕的上方。摊床用木头或竹竿搭成,其长度根据房屋长度而定,宽度不超过两人对站时把手伸长时的总和,以便于面对面操作。摊床边缘钉有 15 厘米的木板,木板内缘安放用旧棉絮扎制成的条状物,可起保温和防止胚蛋滚离木板的作用。摊床上铺麦秸、草席和糠,棉被为包蛋或盖蛋用。有关炕孵法设备具体可参考图 6-3。

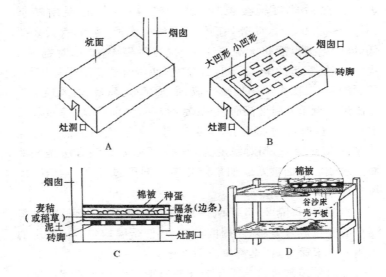

图 6-3 炕孵法设备

A. 火炕示意图　B. 火炕的横剖面结构图

C. 火炕的纵剖面结构图　D. 摊床的构造图

种蛋入孵前须烫蛋(45℃温水中浸泡5～6分钟)或晒蛋,并烧炕加温,待炕温达到要求并恒定时,将种蛋分上下两层放在炕席上并盖上棉被。种蛋一般是分批入孵,每5～6天入孵1次。将新入孵的蛋放在靠近热源一边,而后随着胚龄的增长而逐步改变孵化的位置,使胚龄大的胚蛋移至远离热源的一端。在孵化过程中,通过调整烧火次数、烧火时间间隔、烧火量、加减覆盖棉被、翻蛋、调整种蛋在炕面的位置、调整室温、通风换气、凉蛋等措施,并结合不同季节、气候、胚龄等来调节孵化温度。入孵头14天为炕孵期,温度较高,尤以头两天最高(40℃～41℃),然后逐渐稍降温(3～5天,39.5℃;6～11天,39℃;12～14天,38℃)。当种蛋孵化至15～16天进行二照后即可转至摊床,进入摊孵期,此时温度稍低(37℃～37.5℃)。此外,在第三天和第十五、第十六天要略低,第十七天以后每天凉蛋1～2次。每隔4～6小时翻蛋1次,并调换胚蛋的上、下、里、外位置,使所有的胚蛋受热均匀。胚蛋的温、湿度可采用加减棉被、蛋面喷水、凉蛋、通风换气等方法进行调节:温度高时可以减少被层,提前翻蛋、凉蛋和喷水;温度低时可增加被层,延迟翻蛋。摊孵室内的温度应保持在22℃～25℃,相对湿度为70%～75%,给湿方法是在地面洒水或向蛋面喷水。如果孵化室内温度过低,上摊床时间可推迟4～5天。

出雏时,每隔2～3小时拣出毛干的雏鹅和蛋壳,随时将剩余的胚蛋放置紧凑,四周围盖棉被,使蛋温均匀。已拣出的雏鹅放在箩筐里,待全部出齐后运走。

(二)平箱孵化法 平箱孵化法吸取了电孵化机器的结构原理,在传统孵化的基础上进行了改进,等同于在孵缸的上部装一孵箱。它可以不受电源的限制,采用其他热源,具有简单易行、孵化效率高等特点,适合我国电力资源紧张的地区和小型孵化场应用。

1. 平箱构造 平箱由孵化部分和热源部分组成,外形似1个长方形箱子,箱体可用厚纸板、纤维板或木料制成,也可用砖砌成。一般箱高157厘米,宽和深均为96厘米,箱身用4根5厘米×5厘米×15厘米的方木料做支柱,箱的四壁和门由砖砌成,也可用2层纤维板钉成。要求保温性能良好,常填充棉絮、玻璃纤维、碎泡沫塑料等。箱内部设转动式三角形蛋架7层,蛋架上面6层为盛蛋的蛋盘(可用竹子或木料制成,长、宽各76厘米,高8厘米),底层放1个空竹匾,起缓冲温度的作用。平箱的下半部内部四周用砖坯砌成,四角用泥涂抹成圆形,成为一个像灶样的圆形炉膛,正面开一方形火门(高 25～30 厘米、宽 35 厘米),并装有移动门,底部铺 3 层砖防潮。热源与箱身之间安放一块厚约 1.5 毫米的铁板,上面铺一层稻草灰和黏土,作为温度缓冲层。热源可用炭火盆、电热丝或其他设备,也可将电热丝和炭火盆一块装,即在平箱体的底部(厚铁皮上面)安放一个 40 厘米×40 厘米×8 厘米的铁架,用瓷夹固定两组各 300 瓦的电热丝,用控温继电器控制,组成自动控温装置。平时以电热孵化为主,断电时采用木炭等供温,热源部背面可装一烟囱,以便使用炭火时向室外排烟,保持孵化室清洁卫生(图 6-4)。

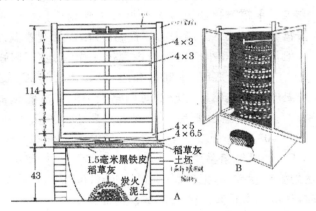

图 6-4 平箱孵化法设备示意图 (单位:厘米)

A. 平箱孵化纵剖面结构图 B. 平箱结构图

2. 孵化操作

(1)准备 入孵前 2～3 天,对平箱进行检查、清理和消毒,并进行供热试验。除检查箱体保温性能是否良好外,要仔细检查热源与箱体连接处(厚铁皮)是否与四壁衔接紧密,以

153

免火烟泄入箱体内影响孵化。如采用电热丝供温时,应仔细检查电源接线、水银导电表及控温继电器是否良好和灵敏。孵化温度计也须校验。经检查和试温,一切正常后才可入孵种蛋。

(2)入孵 试温结束,箱内温度能平稳控制后即可入孵。种蛋经预热后依次平放于蛋盘内,每个蛋盘可装鹅蛋 100 个,每个平箱可入孵鹅蛋 600 个。种蛋经消毒处理装好后,依次放入平箱,即可关闭箱门,并塞上火门,逐渐升温。注意在上、中、下层的蛋盘上各放 1 支温度计测量蛋温,并在平箱门的玻璃窗里挂一温度计测量箱内温度,以便随时查看箱温。

(3)查温 平箱孵化的温度主要靠人工控制。种蛋入孵后,应在蛋盘的上、中、下三层中心放置温度计,经常观察温度的变化,一般每隔 2～3 小时检查箱内温度 1 次,同时用眼皮测试蛋温。注意顶筛、底筛、中间筛和边蛋、心蛋之间的温度差异,发现温度偏高或偏低时应及时调整。一般要求孵化前期温度稍高,头照后温度要稳。具体蛋温要求:孵化 1～5 天,39.5℃～40℃;6～12 天,38.5℃～39℃;12～21 天,38℃～38.5℃。具体箱温要求:入孵时 39.4℃左右,待中层筛蛋温达到要求标准后,把箱温逐渐降到 37.8℃～38.9℃之间。同时,还应经常检查胚蛋发育是否正常。

(4)转筛、调筛、翻蛋及凉蛋 在孵化过程中,当顶筛的蛋温用眼皮测试有暖感(38℃～39℃)时,可以进行第一次调筛(调筛方法:将最上层蛋转到最下层,下面的均上调 1 层)。箱温达 39.2℃时,进行第二次调筛和第一次翻蛋。每 40 分钟测温 1 次,顶筛蛋温达 39.5℃左右时进行第三次调筛并翻蛋,以后每天调筛 4～6 次(由于平箱内温度不均匀,春季每天要调筛 6 次,夏季 4 次)。经过 3 次调筛、2 次翻蛋后,蛋温一般可达均匀。当箱温达 38.9℃ 时,可抽验中层蛋筛(盘)的蛋,用眼皮测试如感到温度平和(38.3℃)时,便达到了升温要求。孵化初期,胚蛋无自温能力,温度偏低不利于胚胎发育,当顶层孵化温度偏低时,不需调筛,并设法提高蛋温。当孵化至 13～16 天时,胚胎自温能力逐渐增强,当顶层温度偏高时,也不能调筛,否则会使温度过高,此时应设法降温。在调筛的同时可进行转筛,即将蛋架转动 180°角,使每个蛋盘温度均匀。特别应注意,箱内前、后、左、右的温度不一致,通常靠近箱壁处蛋温稍高,往往升温后每 2～3 小时转筛 1 次。另外,每天需翻蛋 2 次,间隔 12 小时左右,翻蛋时应将筛中心与筛边缘的蛋对调,再用手轻轻将蛋翻动,每次 90°角。同时,还应根据不同的季节、气候进行凉蛋,它常与翻蛋、调筛同时进行。在操作时要迅速、尽快完成。每次拿出蛋盘时,应随时将箱门关上,注意保温。

(5)上摊 同炕孵法一样,当鹅蛋孵化至 15～16 天后,若室温达 25℃ 以上时,就可转至摊床继续孵化至出雏。冬季天气寒冷孵化室没有加温设施时,可推迟 4～5 天上摊床。胚蛋上摊床后仍须保持适宜的温度,一般使温度维持在 37℃～37.8℃ 范围内。同时注意根据中心蛋与边蛋的温差情况进行翻蛋,通常每天 2 次。

三、机器孵化法

机器孵化法靠电力自动控温、控湿、翻蛋、通风和报警等。孵化效果好,控温、控湿、翻蛋等方便、准确,劳动强度小。通常整个孵化过程在孵化机内完成,也有的在孵化机内孵到二照,此后移到摊床上靠自温孵化,即机摊结合孵化法,从而节省能源,提高孵化机的周转率,扩大孵化量。

（一）**孵化机的选择** 孵化机的选择原则是实用、简单、操作方便，同时结合孵化量的大小确定。专门孵化鹅蛋的机器，与孵化鸡、鸭蛋是一样的，只是蛋盘内格子大一些。对孵化机本身，需要考虑的主要指标有以下几项：①受精蛋孵化率≥85%，健雏率＞90%；②安全性良好，不得漏电，绝缘电阻不小于1兆欧；③使用可靠性≥98%（它反映了正常工作时间在运行总时间内所占的比例，即连续生产试验3批，工作总时间不少于1 500小时，分别计算工作时间及故障排除时间，用工作时间除以故障排除时间与工作时间之和）；④孵化有效区域最大温度偏差≤0.8℃（在孵化机内按规定选择测温点，不少于25个，测定各点的温度，求出平均值，各测定点与平均温度偏差的差值即最大温度偏差，测定3次，取最大值）；⑤孵化有效区域的温度稳定性≤0.4℃（在最大温度偏差测试的基础上，用3次最大平均温度减3次最小平均温度，即得温度的稳定性）；⑥孵化机内二氧化碳含量≤0.3%（在孵化室内二氧化碳含量不大于0.1%的条件下，用二氧化碳气体分析仪测定二氧化碳含量）。图6-5是一款孵化机设备。

（二）**孵化前的准备** 根据孵化机厂家提供的孵化机使用说明书，熟悉和掌握孵化机的性能，并根据设备容量、种蛋来源及雏鹅销售情况制定孵化计划。孵化室在使用前要先清扫、消毒（包括孵化机），一般温度控制在22℃～26℃，相对湿度控制在55%～60%。入孵之前应对孵化机进行全面检查，包括电热装置、风扇、电动机、密闭性能、控制调节系统、温度计（注意进行校正）等。检查完毕后，即可接通电源，进行试运转（首次使用时试运转时间≥1小时，其后试运转时间≥0.5小时）。主要检查风扇转向是否正常，有无机械杂音，控温、控湿系统工作是否正常。然后调试好孵化机温度进行试温，将

图 6-5 孵化机

已检验一致的体温计或多探头测温计放在孵化机的不同部位,试机 1～2 天,若无异常情况,温度稳定后即可入孵。另外,电压不稳定的地区应安装稳压器。

(三)孵化期管理

1. 入孵 一切准备工作就绪,就开始装蛋孵化。将消毒后的种蛋装入蛋盘内(鹅蛋较大,在装盘时应平放,有利于胚胎发育),按序放进蛋车并推入孵化器内。若采用分批入孵,一般可每隔 3 天、5 天或 7 天入孵一批种蛋。入孵时,各批次的蛋盘应交错放置,利用新蛋吸热、陈蛋散热的原理来维持机内温度的均匀度。同一孵化盘上应标明种蛋的批次、入孵时间,以防混淆。大型孵化场多采用整批入孵,此时宜采用变温孵化法,即"前高、中平、后低",分批入孵时只能采用恒温孵化。通常下午 4 时后上蛋,因为这样可使大批出雏时间为白天,工作较方便。鹅种蛋多在冬季或早春时节孵化,此时气温较低,入孵前应将种蛋放在孵化室预热,方法是在 22℃～25℃的环境中放置 12～18 小时或在 30℃环境中预热 4～6

小时。因为种蛋在贮存期胚胎发育呈静止状态,预热可使胚胎有一个逐渐"苏醒"的过程;同时,避免冷蛋放入孵化器内在蛋面上凝结小水珠(称俗"出汗"),有利于胚胎发育;还可以使上蛋后很快恢复孵化机内的温度,不至于影响其他批次胚蛋的发育。

上蛋后即可开机。当孵化机进行正常运转以后,日常管理主要包括:注意温度的变化,观察调节器的灵敏度;注意检查机器的运转情况;做好日常记录,以便分析孵化效果。机温每隔 0.5 小时观察 1 次,每 2 小时记录 1 次。

2. 照检 详见前述"孵化效果的检查"。孵化期一般照蛋 3 次,必要时可以抽测。在孵化期间通过胚蛋的照检,检查胚胎的发育情况,根据胚胎的实际发育情况及时调整孵化条件。

3. 落盘 落盘又称移盘。采用全程机内孵化时,种鹅蛋在孵化 27 天进行最后一次照检,将死胚蛋剔除后,把发育正常的胚蛋转入出雏机继续孵化,并停止翻蛋,提高湿度,准备出雏。移盘的具体时间,主要看胚胎发育情况,如有 50%～60% 啄壳时移盘较好。如发育偏迟,移盘时间可推迟一些。移盘操作的时间应尽可能地缩短。

4. 出雏 出雏前应准备好装雏鹅的竹筐,筐内应垫上垫草或草纸。成批出雏后,一般每隔 4 小时捡雏 1 次。为节省劳力,可以在出雏 30%～40% 时捡第一次雏,出雏 60%～70% 时捡第二次雏,最后再捡第三次雏。捡雏动作要求轻、快,将绒毛已干的雏鹅及空蛋壳迅速捡出。第二次捡雏后,将已破壳的胚蛋并盘,放在上层,促进这些弱胚出雏。出雏末期,对已啄壳但无力出壳的弱雏可进行人工破壳助产。捡雏时,不要同时打开前后机门,而且出雏期间不要经常打开机门,以免出雏机内温度、湿度下降过快,影响出雏整齐。出雏后可对雏鹅进行适当处理,如注射小鹅瘟血清等,放在20℃～24℃的室内休息、待运。另外,雏鹅有趋光习性,所以出雏开始后,应及时关闭机内的照明灯,以减少雏鹅骚动。出雏结束后,对出雏机进行清扫、冲洗、消毒。

5. 停电时的应急措施 规模较大的孵化场应有专门发电设备或备用电源,如遇停电,可及时发电,避免不必要的损失。如没有备用的发电机的单位,在孵化前应先与供电单位联系,以便预先知道停电时间,早做准备,停电后应根据停电时间的长短、胚龄的大小及室温高低采取相应的措施。

(1)断开电源 停电时将所有孵化机(器)的电源断开,以防来电时全部孵化机启动,电流过大使保险丝熔断。通电时,应根据各台孵化机的具体情况逐台启动。

(2)维持室温 将孵化室的门窗关闭,尽可能使室温保持在27℃～30℃,不能低于25℃。孵化过程中,室内可生炉增温,并人工转动风扇匀温。

(3)应急处理 临时停电应根据停电时间长短、胚龄长短和室温高低,采取相应措施。孵化前期的胚蛋,如遇不超过12小时的停电,只需将电孵机的门、气孔关闭即可;孵化中期的胚蛋,遇停电应每隔3小时检查蛋温1次,必要时进行调盘、凉蛋;孵化后期的胚蛋,遇到停电,一般应先打开前、后机门放温。因为这时胚蛋代谢热过剩,同时每隔2小时测温1次,并及时翻蛋,防止热死或闷死胚蛋。出雏时停电,无论室温高低,都应将箱门和气孔打开,避免顶层胚蛋热死或雏鹅闷死。如果停电时间较长时,对于小胚龄种蛋,必须设法加温,改变孵化形式。胚龄大时可转入摊床孵化。

6. 孵化管理记录和孵化率计算 大规模生产时,必须做好孵化管理、孵化进程和孵化成绩的记录,它有助于对孵化效果的分析,也有助于孵化场生产,经营指标的计算、分析。主要的记录表格有孵化室日常工作安排表,各项孵化操作日程表,孵化成绩统计表,孵化温度记录表等。计算孵化率时,一般有以下两种方法。

$$入孵蛋孵化率(\%) = 出雏数 \div 入孵蛋数 \times 100\%$$
$$受精蛋孵化率(\%) = 出雏数 \div 受精蛋数 \times 100\%$$

第四节 孵化注意事项

孵化场生产的经济盈亏,主要取决于孵化率和健雏率的高低。影响孵化效果的因素较多,主要包括种蛋品质、孵化条件、气候环境以及管理水平等,其中任一因素的不适宜,都会影响孵化效果。所以在实际的孵化过程中,我们应全面分析,注意从各方面严格把关。

一、种蛋品质

种蛋品质与遗传因素、母鹅营养水平及年龄有关,应选取近交系数较低、营养良好的中龄鹅种蛋,并避免陈蛋、畸形蛋、薄壳蛋、特大(小)蛋等,而且还应防止种蛋受冻以及运输不当造成破损。详见本章第二节"种蛋的处理"。

二、孵化条件

温度、湿度、空气、翻蛋和凉蛋等孵化条件必须控制适宜,符合胚胎发育的要求,否则都会严重影响孵化效果。除了前面介绍内容,还应特别注意以下几点。

（一）温（湿）度计检查　温（湿）度计是测温（湿）度的主要手段，也是施温（施湿）、定温（定湿）的依据。要经常检查使用中的温、湿度计，防止温（湿）度计失准，造成孵化事故。不仅用前要校对，使用过程中还要注意核查，可用眼皮测温做出初步判断，发现异常再用标准温度计核对，湿度计内的贮水管内不能脱水，要定时加水。

（二）温（湿）度掌控　认真检查、调控相关的孵化条件，在操作中努力减少各部位间的温差。特别是人工孵化的各种方法中，各部位的温差始终存在，即使有匀温装置的现代电孵机也不例外。孵化器内部温差越小，胚胎发育就越整齐，看胎施温也越方便，孵化的效果也越好，在操作中应努力减少这些温差，防止失误。

孵化期间，须掌握以下规律并做适当调整：①如入孵后头1～2天温度过高，畸形胚会较多，且出雏提前；②若入孵后3～5天温度过高，会有充血、溢血和异位现象出现，尿囊提前合拢，胚胎异位，心、肝和胃畸形，而且出雏提前，出雏时间延长；③如短期的强烈过热，5～6天时胚胎干燥而黏着蛋壳，10～11天尿囊血管呈暗黑色，血液浓稠，孵化后期胚胎皮肤、心、肝、肾和脑有点状出血，易死胚且出雏提前；④若孵化后期长时间过热，啄壳较早而出壳时间延长，破壳时死亡增多，蛋黄吸收不良，卵黄囊、肠、心脏充血，雏弱小，粘壳，脐带愈合不良且出血，壳内有血污；⑤若孵化温度过低，孵化期胚胎发育迟缓，入孵19天时气室边界平齐，未破壳的活胚尿囊充血，心脏肥大，卵黄吸入但呈绿色，肠内充满卵黄和粪，出壳晚且时间延长，以致雏鹅虚弱站立不稳，腹大，有时腹泻，蛋壳污秽；⑥湿度过高时，尿囊合拢时间迟缓，19天时气室界限平齐，蛋重减轻慢，死胚的嗉囊、胃和肠充满液体，出壳晚且时间延长,雏鹅绒毛与蛋壳粘连,腹大;⑦湿度过低时,入孵5~6天时胚蛋死亡率增大,鹅胚充血并粘在壳上,入孵10~11天蛋重减轻多,死胚蛋外壳膜干而结实,啄壳困难,雏绒毛干燥,出壳早。

(三)通气控制 鹅胚发育到18~20胚龄时,耗氧量急剧增加,到出壳为止,每天每个胚胎耗氧高达800毫升,应适当增加孵化后半期孵化机内的通气量并保证氧气供应足够。若通风不良,入孵5~6天时死亡率增高,入孵10~11天时在羊水中有血液,入孵19天时内脏充血和溢血,雏鹅多在蛋小头啄壳。

(四)落盘安排 鹅胚在入孵25~26天前,以简单的扩散作用通过蛋壳上的气孔进行气体交换,即尿囊呼吸。此后,胚胎啄破胎膜和内外壳膜,伸喙到气室内开始肺呼吸。此时外壳未破(称为内破期),肺功能尚未健全,气体交换以两种方式同时进行,直到外壳啄破才全部用肺呼吸。两种呼吸方式的更替过程需6~8小时,落盘时间应安排在内破期,同时采取适当增加通风量或凉蛋等措施。

三、环境气候

种鹅繁殖配种和种蛋孵化时外界气候条件也会影响孵化效果,其中以环境温度的影响最为重要。种鹅处于持续的高温或严寒的环境下,种鹅代谢降低,食量减少,营养不足,血钙水平下降,种蛋质量就会下降。而且种蛋在气温23.9℃以上存放时,胚蛋会进行有限的发育,消耗一定的能量,胚胎生活力也随之降低,从而就会使孵化率急剧下降。气候过于严寒则易引起种蛋冻坏。另外,孵化率还会随海拔高度的增加而减小,这是因为海拔愈高,空气愈稀薄,氧分压压也愈低,相应氧气就愈少,胚胎氧气供给减少就会降低血色素的产生,从而当种蛋孵至 13～14 天时,胚胎生长发育会因血色素含量不足而阻滞,甚至死亡,导致孵化率下降。

四、严格管理

　　管理能够把各种生产要素有机地结合起来,发挥更大的作用。很多孵化场欠缺的往往不是设备、技术甚至经费,而是科学的、严格的管理。一般说来,孵化场应注意以下几个问题。

　　第一,实行岗位责任制。孵化定温专人管理,未经同意其他人员不得随意变更温度;种蛋进出、入孵蛋数量、照蛋后的无精蛋和死胚蛋的清除、出雏数及雏鹅保管等要有专人负责。

　　第二,定时检查维护孵化设备。每天必须定时检查每台孵化机和出雏机具的温度和湿度 4～6 次,使用的温湿度计应准确无误,发现有损坏应及时更换;经常检查电孵机控制系统,发现故障应立即排除,确保运转正常。

　　第三,完善孵化场的管理,做好各项记录分析。认真做好孵化生产的各项记录,及时发现问题并解决问题;每批雏出完后应及时统计分析,总结经验教训。

　　第四,做好清洁卫生工作。保持孵化房(室)的清洁卫生,每次孵化结束后,所有器具必须及时清洗消毒。

第七章 肉鹅的饲养管理

肉鹅生长速度的快慢主要由两个因素决定。一是品种,即遗传因素。体型大、生长速度快的鹅种,其后代继承亲代的遗传基因,能表现出良好的生长性能。二是营养水平和饲养管理条件。因而在饲养肉鹅时,不仅要注意选择生长性能好的鹅种来饲养,而且必须采用能使鹅群充分发挥遗传潜力的饲养管理措施。不同年龄、不同品种的肉鹅,生产季节和饲养环境也不尽相同,但是各个生理阶段的鹅,其营养需要和生长发育是有一定规律的。因此,必须了解鹅的生物学特性及不同生长阶段的发育规律,掌握鹅的各阶段饲养管理特点,区别情况并正确合理地组织饲养管理,给鹅创造一个良好的生活环境,方可事半功倍,提高生产性能并获得较高的经济效益。比如我国北方,肉鹅雏鹅大都在 4 月下旬至 6 月上旬孵出,此时气候温暖、干燥,有利于雏鹅成活和生长发育,并且到了中雏阶段,能利用夏季茂盛的青草和秋季收获后的茬地放牧,利用落地的新粮肥育,既可节省大量精饲料,降低成本,又可培育出健壮的肥鹅。

第一节 鹅的消化生理特点及生活规律

一、鹅的消化系统

鹅的消化器官包括喙、口腔、咽、食管及其膨大部、腺胃、肌胃、小肠、盲肠、直肠、泄殖腔,以及肝脏和胰脏等。鹅的消化吸收是消化器官机械的、化学的和微生物三种协同作用的生理过程。

（一）喙　喙是鹅的采食器官。喙的边缘粗糙，有很多细的角质化的嚼缘，能截断青料，喙边缘的锯齿状横褶能将食物阻留于口腔中，而把粗硬的茎秆或水滤出，而且分布有丰富的触觉感受器。

（二）口腔　鹅的口腔内没有牙齿，对饲料不能咀嚼，仅靠喙将青料等撕碎。鹅舌长形，有发达的内骨。口腔和咽的黏膜里分布有唾液腺，它能分泌黏液和少量的唾液淀粉酶。采食时，饲料进入口腔被唾液稍浸润，借助头部和舌的运动而完成吞咽。

（三）食管和食管膨大部　鹅的食管偏于颈的右侧，较宽大，富有弹性，分颈部和胸部两段。鹅没有嗉囊，而在这两段交界处的腹侧有个纺锤形的膨大部分叫食管膨大部，能贮存食物，而且其下方的环形括约肌通过收缩控制食物并将食物压入胃内。食管壁由外向内是浆膜、肌膜和黏膜，黏膜下有食管腺分泌黏液，起软化、湿润饲料的作用，肌膜蠕动则能将食物后移。当胃内食物充盈时，食物还可贮藏在这里。食物在食管膨大部停留的时间依饲料种类、数量和胃充盈程度的不同而异。食物在膨大部停留时，由于食物本身含酶，在微生物的作用下，养分即开始发生分解。

（四）腺胃（前胃）　腺胃是一个容积很小的器官，前接食管，后接肌胃，呈纺锤形。腺胃壁由浆膜、肌膜和黏膜组成，内有丰富的腺体，能分泌含有胃蛋白酶和盐酸的胃液，用于消化饲料。由于腺胃小，所以胃液很快随饲料进入肌胃，在肌胃内帮助消化食物。

（五）肌胃（砂囊）　肌胃前接腺胃，后接十二指肠，呈双面凸的圆盘形。鹅的肌胃很发达,由坚厚的肌肉构成,里面常有吞食的砂粒。肌胃黏膜内有肌胃腺,其分泌物与脱落的黏膜上皮细胞在酸性环境中硬化形成金黄色较厚的角质膜,即鹅肫皮,它具有保护作用,使胃壁在粉碎坚硬的饲料时不受损伤。肌胃不能分泌消化液,主要功能是对食物进行机械磨碎,其中存放的砂粒能在肌肉收缩力的作用下帮助角膜磨碎食物,以利于消化吸收,起到了相当于牙齿的作用。肌胃每隔20~30秒钟进行1次周期性的收缩运动,而且肌肉收缩力很大,为265~280毫米汞柱,所以鹅靠肌胃巨大的收缩力和其中的沙砾能磨碎大量的粗纤维。肌胃出入口都在前部,这样可使内容物在此停留较长时间。胃液对食物的消化作用主要在肌胃进行。

(六)肠　鹅的肠分为小肠和大肠两部分。肠壁由浆膜、肌膜和黏膜构成,肠黏膜上有无数肠绒毛,整个肠壁都有肠腺,具有吸收和分泌的作用。鹅的小肠相当于体长的7.2~8.8倍,为210~262厘米,粗细均匀,肠系膜宽大,布有血管网吸收养分。小肠又分十二指肠、空肠和回肠3段。十二指肠开始于肌胃,长40~49厘米,它能分泌含有淀粉酶和蛋白酶的肠液。胰腺也分泌胰液到十二指肠。十二指肠的末端为胆管的开口,分泌的胆汁由此到十二指肠。空肠较长,回肠短而直,回肠以下是大肠。空肠长150~185厘米,回肠长20~28厘米。在小肠内,碳水化合物被分解为简单的糖类,蛋白质分解为氨基酸,脂肪分解成甘油和脂肪酸。这些低分子物质能被肠绒毛吸收。大肠包括盲肠和直肠。盲肠有1对,各长23~38厘米,起于大、小肠交界处,能通过细菌分解消化纤维,产生低级脂肪酸而被吸收,它还能吸收大量水分和盐类物质。来自小肠的内容物,仅有部分进入盲肠,其余直接进入直肠(回肠口的括约肌收缩时,直肠的逆蠕动也可将内容物挤入盲肠)。直肠短而直,前接盲肠,后接泄殖腔,从盲肠口到泄殖腔长 16～22 厘米,能吸收水分和部分盐类,最后形成粪便送入泄殖腔。

饲料中的碳水化合物、脂肪和蛋白质,在小肠内各种消化酶的作用下,最后分解为葡萄糖、脂肪酸和氨基酸,被吸收到血液和淋巴液中。矿物质在食管膨大部和胃中转为溶液,主要在小肠吸收。

(七)泄殖腔 泄殖腔为管状结构,分 3 部分:前部为粪道,与直肠连通;中部为泄殖道,公鹅的输精管或母鹅的输卵管开口于此;后部为肛道,以肛门开口与外界相通。开口处有肛门括约肌,粪便与尿液在此混合并排出。它是消化、泌尿和生殖器官的共同通道,能吸收少量水分。泄殖腔背侧有 1 个单独盲囊,叫腔上囊或法氏囊,此囊在小鹅阶段发达,成鹅时期消失。

(八)胰 胰位于十二指肠两支之间,包在背肠系膜内,呈淡黄色或红黄色。胰腺是一条细长的腺体,分泌的胰液含有胰蛋白分解酶、胰脂肪酶和胰淀粉酶,并由胰管导入十二指肠。这些酶在小肠中对食物起着重要的化学消化作用。

(九)肝 肝为体内最大的腺体,能贮存一定量的糖、蛋白质和多种维生素,也是贮铁的主要器官。它分为左右两叶,右叶脏面有一胆囊。肝能分泌胆汁,且贮于胆囊内,胆汁中含有胆汁色素和胆盐,胆盐能加强胰腺的消化作用,有助于脂肪消化,促进脂溶性维生素 A、维生素 D、维生素 E、维生素 K 的吸收,防止肠内容物的腐败,加强肠的蠕动。

二、鹅的生活习性

（一）喜水性 鹅是水禽，喜欢在水中觅食、洗浴、嬉戏和求偶、交配。尤其是活水缓流、水中食料和水边水草丰富的地方，鹅会生得很好。因此，宽阔的水域、良好的水源是饲养鹅的重要环境条件之一。鹅只有在休息和产蛋的时候，才回到陆地上，休息和睡眠时喜欢清洁干爽的场地。对于采取舍饲方式饲养的种鹅或仔鹅，最好也要设置一些人工小水池，以供鹅洗浴及种鹅交配之用。对于肥育期鹅，因饲养期短，一般约为 2 周，可不考虑设置人工水池。而现代化规模饲养下的商品仔鹅虽然喜水，但仍可全部实现旱养。

（二）合群性 鹅具有很强的合群性，经过训练的鹅在放牧条件下可以成群远行数里而不紊乱。如有鹅离群独处，则会高声鸣叫，以得到同伴的应和，孤鹅则寻声而归群。鹅相互间也不喜殴斗，易于调教，并养成一定的条件反射。因此，这种合群性使鹅适于大群放牧饲养和圈养，管理也较容易。但不同品种，特别是北方鹅种和南方鹅种混养时，合群性相对较差。

（三）耐寒畏暑性 鹅耐寒而不耐热，全身被有羽毛及紧密贴身的厚密绒毛，这些羽毛有很强的隔热保温作用，而且鹅的皮下脂肪层较厚，因而具有极强的抗寒能力。鹅的尾脂腺发达，尾脂腺分泌物中含有脂肪、卵磷脂等。鹅在梳理羽毛时，经常用喙压迫尾脂腺，挤出分泌物，再用喙涂擦全身羽毛，来润泽羽毛，使羽毛不被水所浸湿，起到防水御寒的作用。即使在 0℃ 左右冬季低温下，鹅仍能在水中活动，在 10℃ 左右的气温条件下，仍可保持较高的产蛋率。只要有较好的饲养条件，在冬、春季节温度较低时，并不影响它们的生产性能。雏鹅由于体温调节功能发育未全,在育雏阶段外界温度低时,有聚堆互以体温取暖的习性,往往相互挤压造成损害。鹅比较怕热,在天气炎热时,喜欢泡在水里,或者在树阴下休息,觅食时间减少,采食量下降。此时大多数品种的鹅往往换羽停产,产蛋率和受精率都较低。

(四)草食性　鹅的觅食力强,食性广,耐粗食,喜爱植物性食物,能采食各种精、粗饲料和青绿饲料,同时还善于觅食水生植物,对粗纤维有较强的消化能力。由于鹅的味觉并不发达,对饲料的适口性要求不高,对凡是无酸败和异味的饲料都会无选择地大口吞咽。鹅的食管容积大且容易扩大,能暂时容留较多的食物,逐步送下胃肠道消化。雏鹅对异物和食物无辨别能力,常常把异物当成饲料吞食,因此对育雏期的管理要求较高,垫草不宜过碎。

(五)警觉性　鹅听觉敏锐,反应迅速,比较容易受训练和调教,但它们性急、胆小,容易受惊而高声鸣叫,导致互相挤压。鹅的这种惊恐行为一般在雏鹅早期就开始出现,雏鹅对人、畜及偶然出现的鲜艳色泽的物品或声、光等刺激均有害怕感觉。甚至因某只鹅无意弄翻食盆发出较强的响声,其他的鹅也会异常惊慌,迅速站起惊叫,并拥挤于一角。因此,养鹅时应尽可能保持鹅舍的安静,以免因惊恐而使鹅互相践踏,造成损失。人接近鹅群时,也要事先发出鹅熟悉的声音,以免鹅骤然受惊而影响采食或产蛋。同时,也要防止猫、狗、老鼠等动物进入圈舍。成年鹅则相对胆大不怕人,对"入侵者"敢于啄斗,高声"报警"。

(六)生活规律性　鹅具有良好的条件反射能力,其生活节奏表现得极有规律性。如在放牧饲养时,一日之中的放牧、收牧、交配、采食、洗羽、歇息、产蛋、睡眠等都有比较固定的时间,遵循着一定的节律,而且每只鹅的这种生活节奏一经形成便不易改变。如原来日喂 4 次的,突然改为 3 次,鹅会很不习惯,并会在原来喂 4 次的时候,自动群集鸣叫、骚乱;如原来的产蛋窝被移动后,鹅会拒绝产蛋或随地产蛋;如早晨放牧过早,有的种鹅还未产蛋即跟着出牧,当到产蛋时这些鹅会急急忙忙赶回舍内产蛋。因此,一经制定的操作日程不要轻易改变,以免造成节律失调,导致应激,影响生产。鹅的生活节律中每个环节周期的长短,可因品种、年龄、季节气候、牧地状况和放牧时间长短等的不同而有变化。

第二节　育雏期的饲养管理

雏鹅是指孵化出壳后到 4 周龄或 1 月龄内的幼鹅,这一饲养阶段称为育雏期,该阶段的成活率称为育雏率。雏鹅饲养管理的好坏,将会直接影响到雏鹅的生长发育和成活率的高低,继而还影响到育成鹅的生长发育和鹅的生产性能。

一、雏鹅的特点

(一)生长速度快　雏鹅的新陈代谢非常旺盛,生长速度很快。据有关资料报道,一般中、小型鹅种出壳体重 100 克左右,大型鹅种 130 克左右。到 3 周龄时,小型鹅种的体重比初生时增长 6～7 倍,中型鹅种增长 9～10 倍,大型鹅种增长 11～12 倍。此外,在同样的饲养管理条件下,公、母鹅生长速度是不同的,公雏比母雏体重要重 5%～25%,饲料报酬也较高。

(二)消化、吸收能力较弱　雏鹅消化道容积小,肌胃收缩力弱,消化腺功能差,对饲料的消化、吸收能力较差。

(三)抗逆性差,易患病　雏鹅个体小,体温调节功能尚未完全建立,至21日龄时调节体温的生理功能还不完善,故对外界温度的变化等不良环境的适应能力较差,特别怕冷、怕热、怕潮湿、怕外界环境突然变化。此外,雏鹅抗病力也较弱,若育雏期饲养密度过高,更易感染发病,而且容易受应激的刺激。

(四)易扎堆　特别是20日龄内的雏鹅,当温度稍低时就易发生扎堆现象,常出现受捂压伤,甚至大批死亡。受捂的小鹅即使不死,生长发育也慢,易成"小老鹅",故饲养密度要适当。

二、育雏季节的选择

广大农户养鹅时一般都选择季节,尤其是小群饲养时更是如此。我国目前肉用仔鹅的饲养方式以放牧或放牧与舍饲相结合为主。所以,育雏季节应根据当地气候、青草和水草等青饲料的生长情况、农作物的收获季节以及市场的供需状况等因素综合确定,以便充分利用天然青料,节省其他精料,降低饲养成本,增加经济效益。传统养鹅一般都是春季清明节前后进雏鹅。比如,江苏省大部分地区都选择这个时段饲养雏鹅,此时气候逐渐转暖,青草萌芽,当雏鹅饲养到3周龄左右放牧时,青草已普遍生长,肉用仔鹅放牧场地充足,并可全天放牧。到50日龄左右仔鹅肥育阶段,又可充分利用麦茬田放牧。而到肥育结束时,恰好赶上我国传统节日——端午节,此时上市出售,价格较高。又比如,广东省四季常青,一般是11月份前后进雏鹅,这时饲养条件好,雏鹅长得快,仔鹅肥育结束刚好赶上春节市场需要。在川东南一带历来有养冬鹅的习惯,即11月份开孵,12月份出雏,冬季饲养,快速肥育,春节上市。而我国北方农村多在 3~6 月份饲养雏鹅,华南地区多在春、秋两季育雏。饲料条件较好、育雏设备比较完善的大型鹅场,可以根据生产计划和栏舍的周转情况全年育雏。

三、育雏前的准备工作

育雏前,除了准备好常用的育雏设备和保温设备(保温伞、箩筐、红外线灯等)外,规模化饲养场还需做好如下准备工作。

(一)育雏场地、设施的检修 接雏前要对育雏舍进行全面检查,对有破损的墙壁和地板要修补,保证室内无"贼风"入侵,鼠洞要堵好。照明用线路、灯泡必须完好,灯泡个数及分布按每平方米 3 瓦的照度安排。检查供暖设备,并按雏鹅所需备好料槽、饮水设备。

(二)育雏舍和用具消毒 育雏舍内外在接雏前 5~7 天应进行彻底的清扫消毒。隔墙可用 20%石灰乳刷新,地面、天花板可用消毒液喷洒消毒,喷洒后关闭门窗 24 小时,然后开窗换气。或者采用福尔马林、高锰酸钾熏蒸消毒,彻底通风后待用。育雏用料槽、饮水器、竹篙等可用消毒王等消毒药洗涤,然后再用清水冲洗干净。垫料应用干燥、松软、无霉烂的稻草、锯屑或其他作物秸秆。保温覆盖用的棉絮、棉毯、麻袋等,使用前须经阳光暴晒 1~2 天。育雏舍出入处应设有消毒池,供进入育雏舍的人员随时进行消毒,严防带入病原体。

(三)饲料、药品准备 进雏前应准备好开食饲料、补饲饲料及相关药品。传统的雏鹅开食饲料,一般多用小米和碎米,经过浸泡或稍经蒸煮后饲喂,但这种饲料营养不全面,最好是从一开始就喂给混合饲料,如果喂给颗粒料其效果会更好。一般每只雏鹅 4 周龄育雏期需备精料 3 千克左右,优质青绿饲料按每只鹅 8~10 千克进行种植。同时要准备雏鹅常用的一些药品,如复合维生素、葡萄糖、含碘食盐、高锰酸钾、青霉素、土霉素、恩诺沙星、庆大霉素、禽力宝和驱虫类药物等。

(四)预温 雏鹅舍的温度应达到 15℃～18℃ 才能进雏鹅。地面或炕上育雏的,应铺上一层 10 厘米厚的清洁干燥的垫草,然后开始供暖。通常在进雏前 12～24 小时开始给育雏舍供热预温,使用地下烟道供热时要提前 2～3 天开始预温。同时,备好温度计随时观测昼夜温度变化。

四、雏鹅的选择与运输

(一)品种选择 各地应根据本地区的自然习惯、饲养条件、消费者要求,选择适合本地饲养的品种或杂交鹅饲养。选择外来品种首先要充分了解其产品特性、生产性能、饲养要求,然后才能引进饲养。肉用仔鹅必须来自于健康无病、生产性能高的鹅群,其亲本种鹅应有实施的防疫程序,雏鹅应符合该品种的特征。

(二)品质选择 把好雏鹅的品质关,须做好以下 5 看。

1. 看出壳时间 要选择按时出壳的雏鹅,凡是提前或延迟出壳的雏鹅,其胚胎发育均不正常,均会对以后的生长发育产生不利影响。

2. 看脐肛 大肚皮和血脐、肛门不清洁的雏鹅,表明健康情况不佳。所以要选择腹部柔弱、卵黄吸收充分、脐部吸收好、肛门清洁的雏鹅。

3. 看绒毛 雏鹅的绒毛要粗、干燥、有光泽,凡是绒毛太细、太稀、潮湿乃至相互粘着无光泽的,表明鹅雏发育不佳,体质差,不宜选用。

4. 看体态 要坚决剔除瞎眼、歪头、跛脚等外形不正常的雏鹅。用手由颈部至尾部摸雏鹅的背,选留有粗壮感的,剔除软弱的。健壮的雏鹅应站立平稳,两眼有神,体重正常。一般中小型雏鹅出生时体重在 100 克左右,大型品种如狮头鹅雏鹅在 150 克左右。

5. 看活力 健壮的雏鹅行动活泼,头能抬得较高,反应灵敏,叫声响亮,活力强。当用手握住颈部将其提起时,它的双脚能迅速有力挣扎。将其仰翻在地,能迅速翻身站起。

(三)雏鹅运输 如购买的雏鹅需长途运输时,应采用经消毒的专用工具,目前多采用竹篾编成的篮筐装运雏鹅。1个直径为 60 厘米、高 23 厘米的篮筐约可放 50 只。装运前,筐和垫料均要消毒,装运时,要谨防翻挤。注意保温,一般应保持在 25℃~30℃。途中应经常检查雏鹅动态,及时移动疏散,防止扎堆受热,并通过增减覆盖物来调节温度。运输过程中,要避免暴晒、雨淋,要尽量减少震动。

五、育雏的方式

(一)地面平养 在育雏舍的地面(最好水泥地面)上铺清洁干净的垫料,如稻草(须切短)或木屑,雏龄越小垫草应越厚,使雏鹅熟睡时不受凉,但在饮水和采食区不垫料。地面留出走道,其余部分隔成若干小圈,以每栏 80~100 只为宜,定期更换垫料,保证垫料干燥清洁,垫草厚度春、秋季节 7~10 厘米,冬季 13~17 厘米。舍内设有饮水器、料槽以及取暖调温设备。此方式投资少,简单易行,但占地面积多,劳动强度大,而且需要大量的垫料。

(二)网上育雏 在育雏舍建一个网架,上面铺塑料底网(网眼 1.25 厘米×1.25 厘米)或竹栅(条距 2 厘米),雏鹅在上面活动,网床离地面(水泥)高 50~60 厘米。育雏网的一边留有过道,便于饲养人员饲喂操作。过道可用软网围起,以防雏鹅外跑。舍内用暖气、炉火或火墙保温。此种方法一次性投资较大,但劳动生产率高,比较清洁卫生,雏鹅的成活率较高。

除上述两种方式外,还有将地面育雏与网上育雏结合起来的,称为混合式。其做法是将育雏舍地面分为两部分,一部分是高出地面的网床,另一部分是铺垫料的地面。这两部分之间有水泥坡地面连接,饮水器放在网上可使舍内垫草保持干燥。

六、雏鹅的饲养

(一)饮水与开食　雏鹅出壳后的第一次饮水俗称"潮口",第一次吃料俗称"开食"。雏鹅出壳24小时左右,当大多数雏鹅能站立走动、伸颈张嘴、有啄食欲望时,就可进行潮口。将雏鹅放入竹篮中,将竹篮浸入清洁的浅水中(以不淹到雏鹅的胫部为合适),让雏鹅自由活动和饮水3~5分钟,然后提出水面放到温暖的地方,让其理干绒毛。也可在舍内用小盆盛水潮口。经过几次调教,便可以自由饮水。天气炎热、雏鹅数量多时,可人工喷水于雏鹅身上,让其互相吮吸绒毛上的水珠,或用饮水器直接给雏鹅饮水。其目的是补充水分,促进食欲。凡经运输引进的雏鹅,开饮时应先使雏鹅饮用5%~8%葡萄糖水,收效良好。现代规模养鹅时,一般直接用饮水器给雏鹅"潮口"。

一般在潮口后应立即开食。适时开食,可以促进胎粪排出,刺激食欲,有助于消化系统功能的逐步完善,也有助于促进生长发育。雏鹅出生后或运回后,开食越早越好,应及时调教采食。开食前,应先让雏鹅饮水,把盛有清洁饮水的水盆放在栏的角落,将一部分雏鹅的嘴多次按入饮水盆中,让其饮水。只要有个别雏鹅饮水,其他雏鹅都会跟着饮水。开食时,应先精料后青饲料。精料多为淘洗干净、并用清水浸泡约2

小时的碎米或半生半熟的小米饭,将其撒在草席或塑料布上,任雏鹅啄食。青饲料要求新鲜、幼嫩多汁,以莴苣叶、苦荬菜为最佳。清洗干净沥干水分后将其切成细丝状并放在手上晃动,同时均匀地撒在草席或塑料布上,也可将少许撒在雏鹅身上,引诱雏鹅采食。大群饲养时,可将青菜放在饲料盆中让雏鹅自由采食。个别反应迟钝、不会采食的,则将青菜送到雏鹅的嘴边,或将雏鹅的头轻轻拉入饲料盆中,让其采食。

(二)日粮配制与饲喂 雏鹅的饲料包括精饲料、青饲料、矿物质、维生素和添加剂等。刚出壳的雏鹅消化功能较差,应喂给易消化的富含能量、蛋白质和维生素的饲料。雏鹅日粮的配制可根据日龄的增长及当地的饲料来源,配制成营养水平较合理的配合饲料,与青绿饲料拌喂。饲喂原则为"先饮后喂,定时定量,少给勤添,防止暴食"。

1. **集约化育雏** 在现代集约化养鹅中,多喂以全价配合饲料。1～21 日龄的雏鹅,日粮中粗蛋白质水平为 20%～22%,代谢能为 11.3～11.72 兆焦/千克;28 日龄起,粗蛋白质水平为 18%,代谢能约为 11.72 兆焦/千克。饲喂颗粒料较粉料好,因其适口性好,不易粘嘴,浪费少。喂颗粒饲料比喂粉料可节约 15%～30% 的饲料。实践证明,喂给富含蛋白质日粮的雏鹅生长快、成活率高。比喂给单一饲料的雏鹅可提早 10～15 天达到上市的标准体重。另外,鹅是草食水禽,在培育雏鹅时要充分发挥其生物学特性,补充日粮中维生素的不足时,最好用幼嫩菜叶切成细丝喂给。缺乏青饲料时,要在精饲料中补充 0.01% 的复合维生素。育雏期饲喂全价配合饲料时,一般都采用全天供料,自由采食的方法。

2. **传统育雏**

(1)1～3 日龄 1～3 日龄雏鹅吃料较少,每天喂 4～5

次,其中晚上9时1次。开食饲料以青、精饲料混合,要求新鲜、易消化,青饲料要洗净后切成细丝状。混合饲料中以青饲料占65%～70%、配合饲料占30%～35%为宜。开食喂量以1 000只雏鹅1天5千克青料,2.5千克精料为宜。以后逐日增加,同时要满足其饮水,开食2～3天后逐步改用料槽喂给。

(2)4～10日龄　随日龄增加,雏鹅的消化能力与食欲增强,需增加喂料次数和喂料量。每天可喂6～8次,其中晚上喂2～3次。每次喂青料时,加人适量的米饭粒,米饭粒不能黏糊,喂前用清水浸泡,然后在草席上摊开,稍晾干后才喂,以免粘嘴。有条件的可掺喂颗粒饲料。4日龄可添喂沙砾,直径为1～1.5毫米,添加量为0.5%。

(3)11～20日龄　以喂青料为主,日粮配合比例青饲料80%～90%,配合饲料10%～20%。每天喂6次,其中晚上2次。如天气晴暖,可以开始放牧。放牧前不喂料,促使雏鹅在牧地采食青草。10日龄后,可添加2.5～3毫米大小的沙砾,每周喂量4～5克;也可设沙砾槽,雏鹅可自由采食。放牧鹅可不喂沙砾。

(4)21～30日龄　雏鹅对外界环境适应性增强,放牧饲养时,可延长放牧时间。日粮中的精饲料可由碎米、小米等逐步变为煮至裂开的谷粒(又称"开口谷"),并逐渐加喂湿谷。舍内饲养时,日粮配合比例为青饲料90%～92%,配合饲料8%～10%。每天喂5次,其中晚上1～2次。

此外,还须注意以下几个问题:①青料要青嫩洁净,喂料时先青后精,定时定量,少放勤添,15日龄内以喂八成饱为宜,以免引起消化障碍;②要有足够的清洁饮水,最初以25℃温开水潮口,1～7日龄用禽力宝水溶液,必要时可在饮水中适量加入高锰酸钾等以防止腹泻,但应严格控制添加量和添加次数,供水要充足,防止暴饮造成水中毒,并做好饮水用具的勤洗、勤换、勤消毒;③饲料的变换要逐渐进行,一般由熟至生、由软至硬逐渐过渡,青饲料也应防止突变,以免引起消化不良,影响生长;④注意补给矿物质,日粮中应配合1%~2.5%骨粉、1%石粉、0.25%~0.5%食盐,以利雏鹅的骨骼生长和帮助消化。

七、雏鹅的管理

雏鹅的管理是育雏成败的关键之一,对提高雏鹅成活率和增重有直接影响。

0~21日龄雏鹅死亡率较高,分析死亡的原因,其中因管理不科学所造成的死亡占雏鹅死亡总数的60%以上。可见管理的重要性。

(一)保温与防潮 雏鹅绒毛稀少,调节体温能力差,温度对雏鹅的生长发育和成活率有很大的影响,保温是雏鹅管理中最重要的工作。在华南或华东农村地区,农家多采用雏鹅自温育雏法。在气温15℃以上时,可将1~5日龄雏鹅放在围栏内或育雏容器内。直径1米的围栏,每栏可养100~120只雏鹅。喂料时将雏鹅取出,喂完后放入保温。5日龄气温正常时,白天可放在小栏内或中栏内,晚间再变成小栏。至20日龄时,白天可改为大栏,晚上改为中栏。同时注意勤换垫草。在适度规模化生产条件下,均需实行给温育雏。育雏舍内应有良好的保温和通风设施,常采用电热保温伞、红外线灯泡、煤炉或烟道加热等方式保温,同时观察鹅群的活动及表现,了解温度是否适宜。温度过低时,雏鹅靠近热源,挤成一堆,不时发出尖锐的叫声;温度过高时,雏鹅远离热源,张口喘气,饮水频繁,采食量减少;温度适宜时,雏鹅分布均匀,安静,食欲旺盛。育雏保温的原则是:群小稍高,群大稍低;弱雏稍高,强雏稍低;夜间稍高,白天稍低;阴冷天气稍高,晴暖天气稍低。应防止温度突然变化。另外,整个育雏期内要注意防止"扎堆"现象,发现雏鹅扎堆取暖时应及时驱散,以免相互挤压造成死亡。

雏鹅一般需保温2~3周。保温期的长短,因品种、季节、地理位置不同而调整,注意适时脱温。脱温要慎重,要做到逐步脱温,当气温突然下降时不要急于脱温而应适当补温。过早脱温,雏鹅由于体温调节能力弱,较难适应外界环境温度的变化,容易受凉;适时脱温可以锻炼和增强雏鹅的体质。保温期太长,则雏鹅体质弱,抵抗力差,容易发病。热天在3~7日龄、冷天在10~20日龄时逐步外出放牧活动,以锻炼和增强雏鹅体质。要逐步脱温,在夜间要注意保温,以免受凉。一般在3周龄时可以完全脱温,冬天与早春则需4周龄方可完全脱温。

潮湿对雏鹅健康和生长发育有不利的影响。湿度高、温度低时,体热散发快,容易引起感冒和腹泻;湿度高温度亦高,则体热散发受到抑制,造成食欲下降,抵抗力减弱,发病率增加。因此,育雏舍要注意通风透光,门窗不宜密闭,注意勤换垫草,保持地面干燥。鹅的育雏温度与湿度见表7-1。

表7-1　鹅的育雏温度与湿度

日　龄	高温育雏(℃)	适温育雏(℃)	低温育雏(℃)	相对湿度(%)
1~3	32~34	27~29	22~24	65~70
4~6	29~31	24~26	19~21	60~65
7~10	26~28	21~23	16~18	60~65
11~15	23~25	18~20	13~15	65~70
16~20	20~22	15~17	10~12	60~65
21日龄以后	19	15	10	60~66

(二)饲养密度与分群隔离　饲养密度直接关系到雏鹅的活动、采食、空气新鲜度。从集约化观点要求是适当的密度。在通风许可的条件下,可提高密度。饲养密度过小,不符合经济要求;而饲养密度过大,则直接影响雏鹅的生长发育与健康。合理密度以每平方米饲养 8~10 只雏鹅,每群以 100~150 只为宜。而按不同阶段一般每平方米面积雏鹅饲养数则可具体为:1~5 日龄 20~25 只,6~10 日龄 15~20 只,11~15 日龄 12~15 只,15 日龄以后 8~10 只。

雏鹅出壳后,多种因素的影响会造成强弱不均,应按体质强弱或定期按大小分群饲养,保持一定的群内均匀度。在日常管理中一旦发现体质瘦弱、行动迟缓、食欲不振、粪便异常者,应及时剔出隔离饲养,对病雏进行治疗。分群方法通常有如下几种:一是根据品种、种蛋的来源、雏鹅出壳的时间及体重分群;二是根据雏鹅采食能力分群,凡采食快、食管膨大部明显的为强者,凡采食慢、食管膨大部不明显的为弱者,应按强弱分群饲养;三是根据雏鹅性别分群,用捏肛法或翻肛法区别雌、雄,将公、母雏分群饲喂。此外,温度低时雏鹅喜欢聚集成群,易出现压伤、压死现象。所以,饲养人员要注意及时驱赶分散,尤其在天气寒冷的夜晚更应注意,应适当提高育雏舍内温度。雏鹅的饲养密度见表 7-2。

表 7-2　雏鹅的饲养密度　（只/米²）

日　龄	自温育雏		给温育雏	
	中、小型鹅种	大型鹅种	地面平养	网上饲养
0~7	15~20	12~15	20~25	30~40
8~14	10~15	8~10	15~18	24~28
15~21	6~10	5~8	10~12	15~20
22~28	5~6	4~5	6~8	10~12

(三)放牧与放水　雏鹅在 10 日龄以后,如天气晴暖、无风,即可放水和放牧。这可以促进雏鹅新陈代谢,加快骨骼、肌肉、羽毛的生长,增强雏鹅的体质,提高雏鹅对外界环境的适应性和抗病力。雏鹅初次放牧和放水的时间,可根据气温而定。夏天在 3～7 日龄,冬季在 10～20 日龄。初次放牧和放水必须选择风和日暖的天气,饲喂后将雏鹅缓慢赶放到附近的草地上活动,采食青草,放牧约半小时,然后赶至清洁的浅水塘中,任其自由下水,放水约数分钟,赶上岸边理羽,羽干后再赶回鹅舍。初次放牧以后,只要天气好,就要坚持每天放牧,并随日龄的增加而逐渐延长放牧时间,加大放牧距离,相应减少喂青饲料的次数,20 日龄后白天可以整天放牧,晚上补料 1～2 次。

雏鹅放牧过程中要防止受雨淋、暴晒,以免感冒发病。阴天停止放牧,照常喂料。雨后在泥地不粘脚时才能放牧,早晨田野有露水不放牧,以免弄湿羽毛而发病,病、弱雏暂时不要放牧,放牧前不喂料或少喂料,促使雏鹅在放牧时多采食。收牧回圈后,根据采食情况适当补饲,一般每天补饲 3～5 次,而且在夜间还要补饲 1 次。

(四)卫生与防疫　做好育雏舍内外的环境卫生,保证鹅群的健康,是一项十分重要的工作。要注意饲料新鲜,经常打扫场地、清除粪便,勤换垫草,保持育雏舍清洁与干燥。定时清洗料槽和饮水盆,并做好消毒工作。要特别注意做好小鹅瘟、禽出败(又名叫禽霍乱)、鹅流行性感冒的免疫接种。

(五)防止应激　育雏舍内须保持环境安静,严禁大声喧哗或粗暴操作。5 日龄喂食后,除给予 10～15 分钟舍内活动外,要让其安静休息。雏鹅舍内要通宵照明,大致每 20～30 平方米面积使用 40 瓦灯泡 1 只,悬挂中间,离地 2 米多高。

大型育雏舍晚上要有专人值班，及时观察雏鹅动态，并检查、堵塞育雏舍的鼠洞，注意关闭门窗，严防老鼠进入。在放牧时不要让狗、猫或其他动物靠近鹅群。

（六）育雏效果的检测　检测育雏效果主要依据育雏率、雏鹅的生长发育（活重、羽毛生长发育）情况。要求雏鹅在育雏期末成活率在90％以上（具体要按品种和育雏方式而定）。雏鹅的生长发育，一是看体重，要达到种质的一般水平，如太湖鹅1月龄体重应达到1.25千克，皖西白鹅1.5千克，狮头鹅2千克，并且均匀度也能在80％以上；二是看羽毛更换情况，如太湖鹅1月龄时应达大翻白（即全身胎毛由黄翻白），浙东白鹅应达"三白"（即两肩和尾部脱换了胎毛），雁鹅应达"长大毛"（即尾羽开始生长）。这些指标在实际生产中有重要的指导意义，使用时，要注意品种差异和生产条件的差异。

（七）转群及大雏的选择　通常雏鹅30日龄脱温后要转群，转群时结合进行大雏的选留。按照各品种（品系或配套系）的育种指标，进行个体的选择、称重、戴上肩号。留种者转入中鹅（仔鹅）群继续培育。淘汰不合格的作为商品鹅用。

大雏选择是在出壳雏鹅选择群体的基础上进行的。具体要求是，生长发育快，脱温体重大，体型外貌符合品种特征。大雏的脱温体重，应在同龄、同群平均体重以上，高出1～2个标准差，并符合品种发育的要求。体型结构良好。羽毛着生情况正常，符合品种或选育标准要求。体质健康、无疾病史。淘汰那些脱温体重小、生长发育落后、羽毛着生慢以及体型结构不良的个体。

第三节　中鹅的饲养管理

中鹅是指雏鹅育雏期结束到选入种用或转入肥育时为止,即 28 日龄或 30 日龄起至 80 日龄的鹅,俗称仔鹅,又称生长鹅、青年鹅或育成鹅。通常以放牧为主、补料为辅的方式进行饲养管理。中鹅阶段生长发育的好坏,与上市肉用仔鹅的体重、未来种鹅的质量有密切的关系。

一、中鹅的生理特点

雏鹅经过舍饲育雏和放牧锻炼,进入中鹅阶段,此时鹅的觅食能力增强,消化道容积增大,食量大,消化力较强,对外界环境的适应性及抵抗力都较强。在生长发育上,这一阶段正是骨骼、肌肉和羽毛生长最快的时期,需要的营养物质也逐渐增加。为适应这些特点,中鹅阶段应加强放牧和补给生长发育所需的各种营养物质,以培育出适应性强、耐粗饲、增重快的仔鹅,为选育留种或转入肥育期打下良好基础。

二、中鹅的饲养

(一)加强放牧　放牧可使鹅采食大量的青绿饲料,既满足了鹅的营养需要,又可节约精料,降低成本。同时,也可使鹅得到充分的运动,以增强体质、提高抗病力。"养鹅不怕精料少,关键在于放得巧"。这充分说明了放牧在养鹅中的意义和作用。

1. 放牧时间　牧鹅时间长短应视鹅日龄大小而定。在 28 日龄或 30 日龄刚进入中鹅阶段时,仔鹅还比较幼小,放牧时间不宜太长,一般上、下午各 1 次,中午回舍休息。随着日龄的增长,放牧的时间可逐渐延长,中午可不回舍休息,就地在树阴下休息、饮水。放牧时间的掌握原则是:天热时上午要早出早归,下午要晚出晚归;天冷时则上午晚出晚归,下午早出早归。30~40 日龄以后,鹅的适应能力进一步增强,采食量进一步加大,而且采食高峰在早晨和傍晚,要尽量做到早出晚归,让鹅多吃露水草,即所谓"吃上露水草,好比草上加麸料"。这时,除雨天外,放牧时间可延长为整天放牧。当鹅的肩部两侧上下各长大毛、尾尖大毛已有 2 厘米时,中鹅的羽毛已较丰满,其抗寒抗雨的能力较强,即使大雨也可牧鹅。这时,牧鹅应早出晚归,尽量延长鹅的采食时间。

2. 场地选择 为了使鹅能采到大量的青绿饲料,放牧时应选择水草丰富的草滩、湖畔、河滩、丘陵和收割后的稻田、麦地。牧地要开阔,附近应有湖泊、小河或池塘,使鹅有清洁的饮水和游泳清洗羽毛的水源。鹅的吃食习惯是先吃一顿草,然后就要找水喝,喝足后卧地休息。因此,在炎热的夏季,放牧时除考虑草的质量、草的数量和清洁的水源外,放牧地还要有树阴或其他遮阳物,以便鹅吃饱喝足后有一个良好的休息场所。若没有,则应在地势高燥处搭临时遮阳棚,供鹅避暑和休息。群众的经验是"夏放麦场,秋放稻场,冬放湖塘,春放草塘"。农作物收割后的茬地是极好的放牧场地,但此时应注意了解农田有否喷过农药,若使用过农药,一般要 1 周后才能在附近放牧。另外,鹅喜爱采食的草类很多,一般只要无毒、无刺激、无特殊气味的草都可供鹅采食。

3. 牧群大小 放牧时应组织好鹅群,找好放牧路线(鹅群所走的道路应比较平坦),放牧群的大小要依放牧场地的情况和饲养数量而定。一般中鹅群以 250~300 只为宜,由 2 个人放牧管理。如果饲养数量多,放牧场地开阔,草源丰盛,每个放牧群可增加到 500 只,甚至高达 1 000 只,放牧人员则可增加到 3～4 人。赶鹅行走时两旁各 1 人,鹅群后面跟 1～2 人。放牧鹅群不宜过大,以避免个体小、体质弱的鹅吃不饱或吃不到好草,造成大小不一,群体整齐度差。而且,放牧前要对鹅群进行检查,发现病弱鹅要隔离出来,留在舍内喂养和治疗。

要牧好鹅,除确定合理的放牧时间和地点外,关键要在"巧"牧上下功夫。首先要掌握鹅"采食—游泳—采食—休息—采食"的规律。鹅在采食途中,待吃到半饱时,就会感到疲怠,其表现为采食速度减慢,有的停止采食,扬头伸颈,东张西望,鸣叫,公鹅表现尤其明显。此时,就须把鹅群赶入池塘或小河中,让其饮水、游泳。鹅群在水里饮水梳毛,疲乏顿时消除,情绪十分活跃,相互追扑或潜入水底。经过一阵激烈运动之后,鹅群就自由自在地游来游去。这时,应尽快地把鹅群赶回草场,让鹅群继续采食。待鹅群吃饱后,让其在树阴下或凉棚里休息。鹅群休息时,周围环境要安静,避免惊扰。当鹅群骚动时,说明鹅群已休息好了。再次将鹅群赶入草场,让鹅采食。这样鹅群就能吃饱、饮足、休息好。另外,可对放牧场地实行有计划的轮牧,可将选择好的牧地划分为若干小区,每隔 15～20 天或更长时间(视牧草生长情况)轮换 1 次,以便有足够的青绿饲料。放牧时,应采用"一"字形放牧,即鹅群向一个方向慢慢前进,前进层次不宜多,尽量保证每只鹅都吃到优质头槽草。这样既能节约精饲料,又能使鹅群得到充分的运动,有利于鹅的快速均匀增重。放牧还要逐步锻炼,路线由近渐远,慢慢增加,途中要有走有歇,不可蛮赶。每天放牧距离要大致相等,以免累伤鹅群。

(二)合理补料

1. 明确原则 "放牧为主,以粗代精,青粗为主、适当补喂精料"是肉仔鹅饲养的主要原则。中鹅生长发育快、采食量大且消化能力好,需要充足的营养物质。即使整天放牧,仍不能完全满足其营养需要,尤其在 35～40 日龄,当两肩和两腿前方的羽毛换生,出现大毛(俗称"浮点")时,这时需要的营养物质很多,应增加富含蛋白质和碳水化合物的饲料。

2. 仔细判断 中鹅羽毛的长速是衡量饲养好坏的依据。因为中鹅首先调动所有的营养,满足其羽毛生长的要求,然后才供其体格发育。如出羽速度慢,羽毛光泽度差、蓬松,说明中鹅饲料的蛋白质含量低,应及时调整精饲料配方,提高日粮的蛋白质含量和饲料浓度。反之,则说明其营养充分。如鹅粪便发黑而结实,则说明营养过剩,可降低精饲料蛋白质含量和饲料浓度。否则,进而会出现鹅粪变细。这表明中鹅脂肪沉积,肠道蓄积脂肪,必将影响采食量,严重阻碍其生长发育。中鹅严禁过肥,只要求体型大,民间称之为"吊架子"。为防止中鹅过肥,须严格控制饲喂能量饲料。有条件的鹅场应补给标准日粮,或喂以糠麸,掺以适量薯类、瘪谷和少量花生饼或豆饼等混合料,还要补给矿物质饲料,如骨粉 1%～1.5%,贝壳粉 2%,食盐 0.3%～0.4%,以促进骨骼的正常生长发育。

3. 酌情补饲 中鹅的消化器官日渐发育完善,其容量逐渐增大,每昼夜的饲喂次数可逐渐减少。每日喂料的具体次数和数量,应根据中鹅的品种类型、日龄大小和生长发育情况而灵活掌握。一般来说,全舍饲饲养,30～50 日龄阶段,每昼夜 5～6 次;50～80 日龄阶段,每昼夜 4～5 次。其中夜间喂 2 次。放牧饲养每日的补料量,中、大型鹅种每只每天150～250 克,小型鹅种每只每天 100～150 克。白天是否要补喂青饲料,则视放牧时采食青饲料的情况而定。在晚上,则应该在补喂精饲料的同时添加适量青绿饲料。

此外,在集约化饲养时采用全舍饲饲养的方式,又称关棚饲养或圈养肥育,采用专用鹅舍,应用全价配合饲料饲养。通常情况下,配合日粮代谢能 11.7 兆焦/千克,粗蛋白质 18%,钙 1.2%,磷 0.8%。最好还要搭配一定比例的青绿饲料、维生素和沙砾。全舍饲饲养的鹅生长速度较快,但饲养成本较高。如果牧地不够或牧草数量与质量达不到要求,可采取放牧与舍饲相结合的形式;在冬季养鹅时,如因天气冷,没有青绿饲料,也可采用全舍饲饲养。舍饲配方可参照表 4-8 至表 4-11。

(三)舍内的管理　鹅虽是水禽,但鹅很喜爱清洁干爽的环境。因此,鹅舍一定要经常打扫,保持干爽。除开放式鹅舍外,其他鹅舍要考虑到舍内的通风。在舍内除设置料槽外,还要放置足量的水槽,水槽内要保持有清洁的水。经常更换垫料及清除鹅粪,以保证鹅舍的清洁卫生。鹅群休息时,要保持安静,以免惊群骚动。入舍后,最好将鹅群分隔成若干个小群,以减少相互间干扰。

(四)效果检查及转群　中鹅的育成率应在 90% 以上,生长发育情况可以从体重和羽毛着生状况来判断。一般来说,10 周龄时育成的中鹅,大型品种的体重为 5～6 千克,中型品种为 3～4 千克,小型品种为 2.5 千克左右。育成的中鹅,第一次换羽通常达到"交翅"(又称"剪刀翅")的程度,即两翅大羽在尾部交叉起来。

通过中鹅阶段认真地放牧和饲养管理,一般长至 70～80 日龄时,就可以达到选留后备种鹅的体重要求。此时应把品种特征典型、体质结实、生长发育快、羽绒发育好的个体留作种用。从质量上,后备种公鹅要求体型大,体质结实,各部结构发育均匀,肥度适中,头大小适中,两眼有神,喙正常无畸形,颈粗而稍长,胸深而宽,背宽长,腹部平整,脚粗壮有力、长短适中、距离宽,行动灵活,叫声响亮;后备母鹅要求体重大,头大小适中,眼睛灵活,颈细长,体型长而圆,前躯浅窄,后躯宽深,臀部宽广。在数量上,选留公鹅要比实际需要数量多20%～30%。

三、中鹅的管理

第一,细心观察。结合鹅的采食规律,仔细观察鹅群的采食情况,待大多数鹅吃到七八成饱时,应将鹅群赶入池塘或河水中,让其自由饮水、游泳。每次饮水、游泳的时间半小时左右,上岸休息半小时左右继续放牧。

第二,防暑、防雨淋、防药害。热天放牧中午要注意防暑。大暴雨来临前要把鹅群赶回鹅棚防雨淋,避免恶劣天气放牧。要注意牧地周边农田喷洒农药的情况。被农药污染的牧地和水源,1周内不能放牧。

第三,防惊群。一切易引起鹅群惊扰的物品、颜色、动物都不能突然接近鹅群。经过公路时,要注意汽车高音喇叭的干扰而引起惊群。驱赶鹅群时速度要慢,以防赶得过快使鹅群争先恐后,聚集成堆,践踏致伤。

第四,做好收牧工作。收牧时要清点鹅数,并注意观察鹅的采食和健康状况。如发现有体弱或有病的鹅掉队,捉回后应立即隔离饲喂或治疗。收牧后进鹅舍前应让鹅在水上运动场洗净身上污泥,在舍外休息与喂料,待身上的水干后再赶入舍内。

第五,做好清洁卫生和防疫工作。每天定时清洗料槽水槽,随时搞好舍内外、场区的清洁卫生。定期对鹅舍及周边环境进行消毒。中鹅初期的抗病力还较弱,又面临由舍饲为主向放牧为主的改变,鹅承受较大的环境应激,容易诱发一些疾病,最好在饲料中添加一些复合维生素等抗应激和保健药品。放牧的鹅群,易受到野外病原体的感染,应严格按照免疫程序接种小鹅瘟血清、禽流感疫苗、鸭瘟疫苗和禽霍乱菌苗,并严格隔离一切传染源。

第四节　肥育鹅的饲养管理

作为商品鹅的中鹅,饲养到 70～80 日龄时都有一定的膘度,但体重仍偏小,肥度还不够,肉质含有一定的草腥味。为了进一步提高产肉质量和经济效益,应投给丰富的能量饲料,进行短时间快速肥育,从而迅速增膘长肉,沉积脂肪,增加体重,改善肉的品质。肥育的时间以 15～30 天为宜。

经过短期肥育,仔鹅膘肥肉嫩,胸肌丰厚,味道鲜美,屠宰率高,可食部分比重增大,因而更受消费者的欢迎,同时增加饲养户的经济收益。可见,做好肥育期的饲养管理工作具有相当重要的作用。

一、肥育原理

对肥育的鹅,必须给予特殊的饲料和管理条件。鹅的肥育多采用限制活动来减少体内养分的消耗,喂给富含碳水化合物的饲料,养于安静且光线暗淡的环境中,使其长肉并促进脂肪沉积。肥育期间,鹅所需要的是大量的谷物类碳水化合物饲料。这些物质进入体内经消化吸收后,产生大量的能量,供鹅活动的需要。多余的能量便转化为脂肪在体内贮存起来,使鹅肥育。当然,在大量供应碳水化合物的同时,也要供应适量的蛋白质。蛋白质在体内充裕,可使肌纤维(肌肉细胞)尽量分裂增殖,使鹅体内各部分的肌肉,特别是胸肌和腿肌充盈丰满起来,整个鹅变得肥大而结实。

二、肥育前的准备

(一)肥育鹅选择 经过中鹅饲养期,在选留种鹅后所剩下的鹅中选择精神活泼、羽毛光亮、两眼有神、叫声洪亮、机警敏捷、善于觅食、挣扎有力、肛门清洁、健壮无病的中鹅作为肥育鹅。新从市场买回的肉鹅,还需在清洁水源放养2～3天,用0.05％高锰酸钾溶液进行肠胃消毒,确认其健康无病后再进行肥育。

(二)分群过渡 为了使肥育鹅群生长齐整、同步增膘,须将大群分为若干小群。分群原则是,将体型大小相近和采食能力相似的公、母混群,分成强群、中群和弱群3等。在饲养管理中根据各群实际情况,采取相应的技术措施,缩小群体之间的差异,使全群达到最高生产性能,一次性出栏。肥育的鹅群确定后,移至新的鹅舍,对鹅来说是一种应激,鹅会感到不习惯,有不安表现,采食减少。肥育前应有过渡期或称预备期,让鹅逐渐适应即将开始的肥育饲养。过渡期一般为1周左右,前3天改为半天放牧,中间2天改为傍晚放牧2小时,后2天停止放牧,只让鹅上、下午各下水活动1次约半小时。

(三)驱虫 鹅体内的寄生虫较多,如蛔虫、绦虫、泄殖吸虫等,肥育前进行1次彻底驱虫,对提高饲料报酬和肥育效果极有好处。驱虫药应选择广谱、高效、低毒的药物。

三、肥育方法

(一)放牧肥育 放牧肥育是一种传统的肥育方法,应用最广,成本低,适用于放牧条件较好的地方,主要利用麦子收割后残留的麦粒或稻田中散落谷粒进行肥育。放牧时,为减少其能量消耗,应搭临时鹅棚,鹅群放牧到哪里,就在哪里留宿,这样便可减少来往跑路的时间和运动量,增加其觅食时间。放牧地近旁应有水质清洁的河流。经 10～15 天的放牧肥育后,就地销售,这样可减少运输中的麻烦,防止途中掉膘或伤亡。

放牧肥育必须充分掌握当地农作物的收割季节,根据夏粮和秋熟作物收获时间安排放牧,并事先联系好放牧的茬地,预先育雏,制定好放牧肥育的计划。这种方法更适于我国南方地区,南方有较多的谷实类田地可供放牧,如稻田、麦田及草滩等。放牧肥育受农作物收割季节的限制,如未能赶上收割季节,可根据仔鹅放牧采食的情况加强补饲,以达到短期肥育的目的。如果谷实类饲料较少,仅仅通过放牧采食青草鹅很难吃饱,因此必须加强补饲,否则达不到肥育的目的。补饲必须用全价配合饲料,或压制成颗粒饲料,可减少饲料浪费。补饲的鹅必须供给充足饮水,尤其是夜间不能停水。

(二)舍饲肥育法 中鹅后期,从放牧饲养转为舍饲肥育,生产效率较高,肥育的均匀度比较好。这种肥育方法将是今后规模化养鹅生产发展的趋势,适于集约化饲养。

舍饲肥育主要喂以富含碳水化合物的谷物饲料,加少量蛋白质饲料,保证日粮组成中蛋白质含量不低于 20%,代谢能不少于 12.54 兆焦/千克(参见表 4-8 至表 4-11)。肥育期间限制鹅的活动,控制光照和保持安静,让其尽量多休息。

1. 肥育场地 舍饲肥育法按饲养场地可分为上棚肥育和圈养肥育两种方式。

(1)上棚肥育 网床或棚架围成网栏,网床或棚架高40～50 厘米,栏高 50～60 厘米,每平方米养鹅 4～6 只,料槽、饮水器在栏外,鹅从栏的间隙中伸出头颈采食和饮水。华南不少地区搭栅架养鹅,鹅养在架上的栏内,鹅粪从架隙漏到地面,可保持栏内清洁、干燥。一般白天饲喂 3～4 次,晚上加喂 1 次。这种方法适合小群肥育鹅。供给适宜的配合饲料的同时,控制鹅的运动和光照,促使仔鹅迅速长膘。

(2)圈养肥育　就是把鹅圈养在地面上,限制其活动,并给予大量富含碳水化合物的饲料,进行短期肥育,让其长膘长肉。在圈内用砖或竹木隔成几个大圈,圈高 50～60 厘米,每圈大小 20 平方米左右,每平方米放养 4～6 只鹅。要求圈舍干燥,通风良好,光线暗,环境安静。从早晨 5 时到晚上 10 时,每天喂 3～4 次,晚上加喂 1 次,肥育期 20 天左右。鹅可增重 30%～40%。圈内有料槽和饮水器,圈外有池塘。为了增进鹅的食欲,在肥育期应有适当的水浴和日光浴。隔日让鹅下池塘水浴 1 次,每次 10～20 分钟,浴后在运动场再进行日光浴、梳理羽毛,最后赶鹅进舍休息。这样大约经 15 天就可育肥上市。这种方法适合大群肥育鹅。

2. 饲喂方法　舍饲肥育的饲喂方法,可分自由采食肥育和人工强制填食肥育两种方法。

(1)自由采食肥育　一般圈养多采用此法,饲喂颗粒饲料采用常备料,饲喂湿粉则定时定量供给。但都让鹅自由采食料槽(盆)中的饲料,并适当喂些青饲料,或喂精料后再喂青绿饲料。在饲养过程中要注意鹅粪的变化,酌情调整精、青饲料的比例,当鹅粪逐渐变黑、粪条变细而结实时,说明肠管和肠系膜开始沉积脂肪,应改为先喂精饲料 80%,后喂青饲料 20%,逐渐减少青饲料的添加量,促进其增膘,缩短肥育时间,提高肥育效益。

(2)填饲肥育　即在短时间内强制性地让鹅采食大量的

富含碳水化合物的饲料,加上安静环境和减少活动,促进肥育。它包括手工填饲和用特制的填饲机填饲。前者可按玉米、碎米、甘薯面60%,米糠、小麦麸30%,豆饼(粕)粉8%,生长素1%,食盐1%配成全价混合饲料,将其加水拌湿,搓捏成1～1.5厘米粗、6厘米长的条状食团,阴干手工填饲。开始3天内,不宜填得太饱,每天填3～4次,每次填3～4条。以后要填饱,每日填5次,从早6时到晚10时,平均4小时填1次。后者填饲前将混合料按1:1.5加水浸泡,搅拌均匀,制成稀稠的饲料,然后装入填饲机贮料桶直接填饲,每天一般填饲4次。填饲的仔鹅应供给充足的饮水,或让其每天洗浴1～2次,有利于增进食欲,使羽毛光亮。填饲肥育经过10天左右鹅体脂肪迅速增多,肉嫩味美。此法可缩短肥育期,肥育效果好,但比较费工。

在整个肥育期间,都要把握好充分饲喂和限制活动这两个关键。另外,要保持圈栏干燥、通风良好等。

四、肥育效果

(一)增重速度 一般而言,在肥育期间,放牧肥育可增重0.5～1千克,舍饲肥育可增重1～1.5千克,填饲肥育可增重1.5千克以上。增重速度与所饲养的品种、季节、饲料种类等因素有密切的关系。

(二)肥育标准 经肥育的仔鹅,体躯呈方形,羽毛丰满,整齐光亮,后腹下垂,胸肌丰满,颈粗呈圆形,粪便发黑、细而结实。根据翼下体躯两侧的皮下脂肪,可把肥育膘情分为3个等级:①上等肥度鹅,皮下可摸到较大结实而富有弹性的脂肪块,遍体皮下脂肪增厚,尾椎部丰满,胸肌饱满突出胸骨嵴,羽根呈透明状;②中等肥度鹅,皮下摸到板栗大小的稀松小团块；③下等肥度鹅，皮下脂肪增厚，皮肤可以滑动。当肥育鹅达到上等肥度即可上市出售。肥度达到中等以上，体重和肥度整齐均匀，说明肥育成绩优秀。根据上述标准，在肥育时进行检查判断，达到标准即可出栏，一般肥育时间 10～15天。同时，应根据市场需求，通过饲料和肥育方式来掌握仔鹅的肥育速度和上市时间。

第五节 种鹅的饲养管理

管理好种鹅的目的是为了获得尽可能多的合格种蛋，种蛋多则孵出的雏鹅也多，全年生产的肉用仔鹅也多，而生产 1千克活重鹅所消耗的饲料也愈少，经济效益也就越高。要提高种鹅的质量，要从两个方面入手：一是保证种鹅自身的品质，选择优良品种、优良个体；二是进行科学的饲养管理。

一、后备种鹅的饲养管理

后备种鹅是指 70～80 日龄、经过选择留作种用，直到开始产蛋这一期间的公、母鹅。后备种鹅达到性成熟的时间较长（小型鹅 180 日龄左右，大型鹅 260 日龄左右），饲养管理以放牧为主、补饲为辅，并适当限制营养，控制体重，防止过大过肥和性成熟过早，从而适时开产并促进高产。

（一）后备种鹅选留　种鹅选留需经初选、预选、精选和定种 4 个过程来筛选。初选在中鹅养到 70 日龄左右时进行，按照各品种体型外貌，选出体躯匀称、体重相似的整齐鹅群。预选在 80 日龄前后进行，把初选鹅群中生长快、羽毛符合本品种标准、体质健壮、发育良好的留作后备种鹅，淘汰不合格的个体。精选种鹅在 130 日龄左右进行。公鹅要求体型大、体质强壮、肥瘦适中、各部器官发育匀称、眼大有神、喙长而钝、颈粗而长、胸深而宽、背宽而长、腹部平整、胫较长且粗壮有力、两胫间距宽、鸣声洪亮，有典型的雄性长相。母鹅要求体型大而重、羽毛紧贴并光泽明亮、头大小适中、眼睛灵活、颈细长、身长而圆、前躯窄、后躯深而宽、臀部宽广、腿结实。定种（定群）在开产前（180 日龄左右）进行，确定公、母配种比例，一般大型鹅种 1：3～4，中型鹅种 1：4～5，小型鹅种 1：6～8，淘汰不合格的公、母鹅。

民间选种很大程度上是从季节和眼前利益上来考虑。如江浙地区，较多地选择早春鹅或清明鹅饲养后留种，而且习惯在 6 月上旬至中旬选留，东北地区一般习惯在 9～10 月份选留，广东的狮头鹅则一般在 3 月下旬至 4 月上旬选留。这种选种方法短期利益明显，选留的种鹅生产性能不一定会很高。最好是将科学选种方法与民间选种季节性结合起来，以求得到更大的经济效益。

（二）后备种鹅的饲养　根据后备种鹅生长发育的特点，通常将整个后备期分为前期、中期和后期 3 个阶段，分别采取不同的饲养管理措施。

1. 前期的饲养　从 70 日龄到 100 日龄为前期，晚熟品种稍长一些。一般后备种鹅是从中鹅群中挑选出来的优秀个体，往往是来自不同鹅群，作为后备种鹅合并为新鹅群，彼此感到陌生而常常不合群，甚至有"欺生"现象，必须通过调整让它们合群。在饲养上，由于鹅仍处在生长发育和换羽时期，应以舍饲为主，放牧为辅，不宜太早粗放饲养，保证吃饱喝足，并逐渐降低饲料营养成分。一般除放牧外都要酌情补饲一些精料，尤其是放牧条件不好和换毛期间，常在中午或傍晚安排补饲，满足其营养需要。大型鹅每天每只应补精饲料 120～180

克,小型鹅需 90～130 克,公鹅补料量稍多些。喂料要定时、定量,每天喂 3 次。一般早上放牧至 9～10 时,然后回舍补精料,喂完后在水边附近休息,并投给青料,自由采食。下午 2 时第二次喂精料,下午 3 时后放牧至黄昏时回舍第三次喂饲料。在舍饲条件下,鹅群喂给全价配合饲料。日粮标准为,代谢能 10.88 兆焦/千克,粗蛋白质 15.4%,粗纤维 7%,钙 1.6%,磷 0.9%,食盐 0.4%,赖氨酸 0.9%,蛋氨酸加胱氨酸 0.7%。

2. 中期的饲养 中期从 100 日龄开始至 150～160 日龄,大约 2 个月。大型鹅性成熟较迟,应在 130 日龄左右进入后备鹅中期。在这个阶段,公、母鹅需要分开饲养管理,以按公、母鹅不同能量要求进行饲养管理(公鹅可提早补料),同时也可防止早熟鹅滥交乱配。此阶段应限制饲养。其方法主要有两种:一种是减少补饲日粮的饲喂量,实行定量饲喂;二是控制饲料的质量,降低日粮的营养水平。通常只给维持饲料,锻炼其耐粗饲能力,加强放牧,如牧草、落谷数量较多,可以不补饲。可将每天喂料 3 次减为 1～2 次,日平均饲料用量一般比生长阶段减少 50%～60%。喂料时间在中午和晚上 9 时左右。限制饲养的目的是防止个体在生理尚未发育完全时提前产蛋和群体开产不整齐,从而获得较高合格率的种蛋并方便饲养管理。同时,适当推迟种鹅的开产日龄,让青年种鹅充分发育,以提高种蛋品质和公鹅的交配能力。限制饲养要尽量做到控制母鹅在换羽结束以后开始产蛋。

3. 后期的饲养 后期一般从 150 日龄开始到开产配种,大致 1 个月的时间。在饲养上要逐步由粗变精,补饲只定时不定料、不定量,做到饲料多样化,补充矿物质和维生素饲料,让鹅增强体质、促进性器官发育,使母鹅体态逐步丰满。然后再由精变多,增加饲料用量,让其自由采食,使母鹅进入临产状态。对后备公鹅提早进行补饲精料,促进提早换羽,以使在母鹅开产前有充沛的体力,旺盛的性欲。后备种鹅羽毛已经丰满,抗寒能力较强,原先放牧饲养或舍饲与放牧相结合饲养方式的鹅仍要坚持放牧以利用天然饲料资源,降低饲养成本,以及进一步锻炼鹅群体质,防止过肥,保持种用体况。但母鹅已接近产蛋期,行动迟缓,放牧时不可急赶久赶。放至半饱时可把鹅群赶入水中令其自由活动,然后再将鹅群赶回草场放牧,吃饱后让其休息。后期应逐渐减少放牧时间,相应增加补饲量。补料用开产前的全价配合饲料。

在舍饲条件下,100~180日龄鹅的饲养标准是每千克饲料中含代谢能10.65兆焦,粗蛋白质14.6%,粗纤维9%,钙2%,磷0.6%,食盐0.5%,赖氨酸0.7%,蛋氨酸加胱氨酸0.53%。先促进其生长发育,后控制其提早产蛋。180~190日龄要用产蛋料催蛋。每千克饲料中含代谢能11.3兆焦,粗蛋白质16%~17%,粗纤维6%~7%,钙3.5%,磷1.5%,食盐0.5%,赖氨酸0.9%,蛋氨酸加胱氨酸0.77%。

(三)后备种鹅的管理

1. 精心放牧 后备种鹅阶段以放牧为主,舍饲为辅,放牧管理工作至关重要。后备种鹅羽毛已丰满,有较强的耐雨抗寒能力,可实行全天放牧。一般每天放牧9个小时,采取"两头黑",早出晚归。清晨5时出牧,10时回棚休息,下午3时出牧,晚上7时归牧,力争吃到4~5个饱(上午2个饱,下午3个饱)。

2. 细心观察 注意观察鹅群动态,随时观察鹅群的精神状态、采食情况等,发现弱鹅、伤残鹅等要及时拣出,进行单独的饲喂和护理,或将其淘汰。

3. 做好清洁卫生与免疫接种 注意鹅舍的清洁卫生和饲料新鲜度,及时更换垫料,保持垫草和舍内干燥。喂食及饮水用具及时清洗消毒。通常在产蛋前1个月左右注射小鹅瘟种鹅用疫苗,1次注射后,整个产蛋季节都有效。母鹅注射半个月后所产的蛋内含有母源抗体,孵出的雏鹅已获得了被动免疫力。另外,注意在整个后备阶段搞好传染病和肠胃病的防治,定期进行防虫驱虫工作。

二、产蛋鹅的饲养管理

养好产蛋鹅,获得优良的种蛋,是发展养鹅生产的基础,也是饲养种鹅的目的。1年中鹅的产蛋期有8～9个月,其余3～4个月为停产期。现将产蛋前期、产蛋期及休产期各阶段的饲养管理介绍如下。

(一)产蛋前期母鹅的饲养管理 后备种母鹅进入产蛋前期时,体质健壮,生殖器官已得到较好的发育,体态丰满,羽毛紧凑并富有光泽,性情温驯,食欲旺盛,采食量增大,行动迟缓,常常表现出衔草做窝的行为,说明已临近产蛋期。

1. 饲养要点 这一时期要求鹅群同时大量换新生羽,适当增加体重,为产蛋积累营养物质。应结合前述后备种鹅的后期管理方案,逐渐增加日粮的补饲量。通常做法是在产蛋前的30～40天开始加喂"催蛋料",一般当主翼羽换完后即增加精料(谷实类)比例,过早、过迟加喂精料都将影响全年产蛋量。此期的母鹅每日喂配合料2～3次,其中晚上9时喂1次。在鹅舍的出入路旁和运动场要放置砂粒、田螺壳或贝壳,让鹅自由采食。如用配合饲料饲养,日粮的粗蛋白质水平由15%逐渐增至17%。精饲料的喂量是否恰当,可根据鹅粪形状来判别:如鹅粪粗大松散,用脚轻拨可分为数段,表明精饲料与青饲料比例恰当；如鹅粪细小硬实,则是精饲料比例过多,应及时调整日粮,增加青饲料量。舍饲的鹅群还应注意日粮中营养物质的平衡,使种鹅的体质得以迅速恢复。

2. 补充人工光照

(1)光照的作用　光线通过视神经刺激脑垂体前叶分泌促性腺激素,促使母鹅卵巢卵泡发育增大。卵巢分泌雌性激素促使输卵管发育,同时使耻骨开张,泄殖腔扩大。光照也可引起公鹅促性腺激素的分泌,刺激睾丸精细管发育,促使公鹅达到性成熟。因此,光照时间的长短及强弱,对种鹅的繁殖力有较大的影响。光照分自然光照和人工光照两种。光照管理恰当,能提高鹅的产蛋量,提高种蛋的受精率,取得良好的经济效益。

(2)光照的原则　临近产蛋时延长光照时间,可刺激母鹅适时开产；短光照则推迟母鹅的开产时间。开放式鹅舍的光照受自然光照的影响较大,而自然光照在每年夏至前由短光照逐渐增长,夏至过后光照时间由长变短。种鹅临近开产期,应用 6 周的时间逐渐增加每日的人工光照时间,在开产前 2 周每天光照时数应达到 14 个小时以上,并一直维持到产蛋结束。人工光照照度为每平方米鹅舍面积为 2～3 瓦,如舍内面积为 20 平方米,可用 1 只 40～60 瓦的电灯。

3. 配种比例和时间　为提高种蛋的受精率,除考虑种鹅的营养需要外,还必须注意鹅群的健康状况,提供适宜的公、母配种比例。由于鹅的品种不同,公鹅的配种能力也不同,一般大型鹅种 1：3～4,中型鹅种 1：4～5,小型鹅种 1：6～8。种鹅配种时间一般在早晨和傍晚,早晨 9 时前和下午 4 时后是种鹅交配的两个高峰期,而且多在水中进行。因此,应提供理想的水源,池塘水深应在 1～1.2 米。适时让鹅群下水,任其饮水、洗浴和交配,提高种蛋的受精率。如必须在舍内配种时,一定要采用厚垫料,且饲养密度不能过大。

4. 鹅群同步调整 产蛋前期要调整鹅群,将过肥和过瘦的分别离群单独饲养。对过肥的鹅,减少精料,增加粗料,减少给饲量,使体脂肪消耗,体重降下来;对于过瘦的鹅要加强饲养,提高全价饲料的蛋白质含量,增加喂饲次数,使体质快速达到临产的体重。从而使鹅群整齐、同步进入产蛋期。

5. 适度放牧 临开产前仍应适度放牧,放牧时宜早出晚归,放牧距离不宜太远,并要有较多的时间让种鹅下水洗浴、嬉水,归牧时不能驱赶过急。

(二)产蛋期母鹅的饲养管理 母鹅经过产蛋准备期良好的饲养管理,换羽完毕,体重逐渐恢复,陆续转入产蛋期。此时羽毛紧凑鲜艳,尾羽平直,肛门呈菊花状,腹部饱满,松软而有弹性,耻骨距离增宽,食量加大,喜欢采食矿物质饲料。母鹅的头经常点水,寻求公鹅配种。

1. 饲养要点 由于种鹅连续产蛋的需要,消耗的营养物质特别多,尤其是蛋白质、钙和磷等。如果饲料中营养不全或某些营养元素缺乏,会造成产蛋量下降,种鹅体况消瘦,最终停产换羽。为了保证产蛋期的高产稳产,日粮中代谢能应为11.3 兆焦/千克,蛋白质水平应增加到 18% ~ 19%,钙2.25%,磷 0.7%。同时,应注意维生素和微量元素的补充。通常应在鹅舍内放置饲槽,经常放些矿物质饲料任其采食。喂料要定时定量,先精料后青料。一般每日补饲 3 次,早、中、晚各 1 次。精料每天的喂量,中、小型种鹅为 120~150 克,大型种鹅为 150~180 克。青料可不定量,放牧时少量饲喂。补饲量是否恰当,与前述相似,可根据鹅粪情况来判断。在产蛋高峰时,必须使鹅吃好吃饱,饲料中添加 0.1% 的蛋氨酸,可提高种鹅产蛋率。尤以产蛋后期,更应精心饲养,稍有疏忽便可导致停产而开始换羽。所以,可多喂几次,并加喂夜食或任其自由采食。

2. 舍饲为主,放牧为辅 产蛋期的种鹅采用放牧与补饲相结合的饲养方式比较适合,晚上赶回圈舍过夜。一定的放牧运动时间,可以让鹅得到充足的觅食、光照、洗浴、交配。产蛋母鹅行动迟缓,要选择近处较平坦的牧地放牧。放牧宜慢赶,快赶鹅易跌伤或卵黄掉入腹腔而引起腹膜炎。在出入鹅舍和下水时,应呼号或用竹竿稍加阻拦,使其有秩序地出入鹅舍或下水。若天气炎热,可让鹅在舍外运动场地露宿,下雨时赶回舍内,并应备足清水任其饮用。

3. 产蛋管理

(1)掌握时间,勤捡蛋 产蛋期要勤捡蛋,每天应捡蛋4~6次,并注意种蛋保存,避免污染。母鹅的产蛋时间大多数集中在下半夜至上午 10 时,个别的鹅在下午产蛋。鹅产蛋的持续期不够一致,有隔天产蛋的,有 2 天连产的,也有隔1~2 天再连产 2 个的。产蛋鹅上午 10 时以前不宜外出放牧,应在鹅舍内补饲,产蛋结束后再外出放牧,而且上午放牧的场地应尽量靠近鹅舍,以便部分母鹅回窝产蛋,从而减少种蛋的丢失和破损。

(2)掌握规律,防窝外蛋 母鹅有择窝产蛋的习惯,因此在种鹅开产前 2 周应设置产蛋箱或产蛋窝,每 2~3 只鹅备 1 个,其规格为长 50 厘米、宽 50 厘米、高 60 厘米,可修在鹅舍里边,也可修在运动场的一侧,箱(窝)内垫草要干爽,以便让母鹅在固定的地方顺利产蛋。开产时可有意训练母鹅在产蛋箱(窝)内产蛋。放牧前检查鹅群,如发现个别母鹅鸣叫不安、腹部饱满、尾羽平伸、泄殖腔膨大、行动迟缓、有觅窝的表现,可用手指伸入母鹅泄殖腔内,触摸腹中有没有蛋,如有蛋,即将母鹅送到产蛋窝内,而不要随大群放牧。放牧时如果发现有母鹅出现神态不安,有急欲找窝的表现,或向草丛或其他较为隐蔽的地方走去时,则应将该鹅捉住检查,如果腹中有蛋,则将其送到鹅舍产蛋箱内产蛋,待产完蛋后就近放牧。另外,如发现有的初产母鹅不是回舍内产蛋,而是在草丛中产蛋,则将母鹅连同所产的蛋一同带回圈内放到产蛋窝中,并用竹篓盖住。经过1～2次训练鹅便可习惯回舍内产蛋了。

4.环境控制

(1)保温与光照 鹅产蛋的适宜温度应为18℃～20℃,如果产蛋季节在早春或晚秋和冬季,鹅舍应设有保温取暖设备,充分发挥鹅的产蛋性能。冬天放水一定要待化冻后进行,放水后要让其理干羽毛再赶入舍内。如果鹅群在冬季受寒流侵袭而换羽,必然会引起翌年产蛋量大幅度地下降,给生产带来损失。鹅对光照反应也很敏感,补充光照可使产蛋量增加,特别是产蛋量低的品种,补充光照产蛋量提高更快。光照原则如前述。

(2)通风与卫生 产蛋鹅代谢旺盛,要求空气新鲜。饲养密度在冬季可每平方米5～7只,夏季应少些、每平方米3～4只。运动场要定时打扫,清除粪便与杂物,舍内垫草须勤换,定时清理鹅粪。鹅舍和运动场还要定期消毒,防止传染病和其他疫病的发生。

(3)减少应激 生活环境中存在着多种应激因素,如厮斗、拥挤、驱赶、气候变化、设备变换、光照变化、饲料改变、大声吆喝、粗暴操作、随意捕捉等,都会影响鹅的生长发育和产蛋量。应激理论近年来已被普遍应用于养鹅业,应避免养鹅环境的突然变化。饲料内添加维生素E有缓减应激的作用。

5. 就巢性控制 我国许多鹅品种在产蛋期间都表现出不同程度的就巢性(抱性),对产蛋量造成很大的影响。如果发现母鹅有恋巢表现时,应及时隔离,将其关在光线充足、通风凉爽的地方,只给饮水不喂料,2～3 天后喂一些干草粉、糠麸等粗饲料和少量精料,使其体重不过于下降,待醒抱后能迅速恢复产蛋。也可使用市场上出售的"醒抱灵"等药物醒抱。

6. 配种管理 在产蛋期内,公、母种鹅的比例视品种不同而异,一般为 1:4～8。通常大型品种配比应低些,小型鹅种可高些;冬季的配比应低些,春季可高些。选留阴茎发育良好、精液品质优良的公鹅配种,配比可提高到 1:6～10。掌握鹅的下水规律,使鹅能得到交配的机会,是提高种蛋受精率的关键。要求种鹅每天有规律地下水 3～4 次。第一次下水交配在早上,从栏舍内放出后即将鹅赶入水中。早上公、母鹅的性欲旺盛,要求交配者较多,应注意观察鹅群的交配情况,防止公鹅因争配影响受精率。第二次下水时间在放牧后 2～3 小时,可把鹅群赶至水边让其自由下水交配。第三次在下午放牧前,第四次可在入舍前让鹅自由下水。如舍饲,主要抓好早、晚各 1 次配种。配种环境对受精率有一定的影响。鹅舍前的水面运动场面积应适当,过大因鹅群分散,配种机会少;过小,鹅群又过于集中,致使公鹅相互争配而影响受精率。

(三)停产期母鹅的饲养管理 种鹅的产蛋期一般只有 8～9 个月,除品种外,各地区气候不同,产蛋期也不一样。我国南方集中在冬、春两季产蛋,北方则集中在 2 月至 6 月初。由于生理原因,南方鹅种一般在每年的 4 月份以后,北方鹅种 9 月份以后,母鹅产蛋逐渐减少,蛋变小,甚至出现畸形,多数母鹅羽毛干枯,部分出现贫血现象,表明生殖暂停而进入休产期。这时需要特殊的饲养管理,重点是抓好制羽和拔羽等工作。

1. 制羽 对种鹅实施粗饲,使鹅体消瘦,羽毛干枯脱落。种鹅自行换羽的过程称为制羽。制羽的目的是为了整个鹅群换羽时间统一,便于人工拔羽及控制统一开产时间,有利于对鹅群的管理和提高饲养经济效益。

制羽技术,关键在于控制喂料。种鹅制羽期间,应该粗饲,即大量减少精料,以放牧为主,适当补饲一些粗劣饲料。粗饲开始的头 1～3 天,喂饲的精料(如稻谷)逐渐减至原来的 1/4 或 1/5。粗饲 4～5 天,停喂精料,改粗料。喂饲次数可逐渐减少,由 1 天 2 次减到 1 天 1 次,再减至 2 天 1 次。过 12～13 天,鹅体重减轻 1/3 左右。当主翼羽与主尾羽出现干枯现象时,则恢复喂料,每天喂 2 次。可根据品种大小,每次每只喂糠麸 100～150 克,连喂 3～5 天,鹅体力逐渐恢复,体重逐渐回升,此时便完成了制羽,转入拔羽期,进行人工拔羽。

2. 拔羽 在自然条件下,母鹅从开始脱羽到新羽长齐需较长的时间,换羽有早有迟,其后的产蛋也有先有后。为了缩短换羽时间,使种鹅换羽、开产时间一致,通常在制羽后期进行人工强制换羽。判断可否拔羽的标志是:放牧时鹅群行动敏捷一致,走路距离靠近,说明鹅群健康恢复一致,这时可进行拔羽。注意不能在母鹅健康尚未恢复前、身体较瘦弱时拔羽。

拔羽的方法有两种:一是手提法,用一手紧握鹅的两翼,提起悬空,另一手把翼张开,用力顺着主翼羽生长的方向将主、副翼羽拔去,最后拔去尾羽,此法适用于小型鹅种;二是按地法,助手左手提着鹅的颈上部,右手抓住鹅的两脚向后拉,把鹅按在地上,然后拔羽者用双脚夹住鹅,左手的大拇指和食指,轻柔地固定鹅颈,同时捏住鹅翼,右手用力拔去左、右主翼羽和主尾羽。此法适用于体型比较大的种鹅或初学拔羽者。对已经自行换羽的鹅,不必再拔。

拔羽选择在晴暖的天气进行。拔羽的当天鹅群应圈养在运动场内喂料、喂水,不能让鹅群下水,防止细菌感染,引起毛孔发炎。拔羽后一段时间内因其适应性较差,应防止雨淋和烈日暴晒。拔羽的母鹅可以比自然换羽的母鹅早 20～30 天产蛋。

3. 饲养管理要点 进入休产期的母鹅应以放牧为主,将产蛋期的日粮改为育成期的日粮。其目的是消耗掉母鹅体内的脂肪,提高鹅群耐粗饲的能力,降低饲养成本。

如果进行了人工拔羽,拔羽后要加强放牧,同时应根据羽毛生长情况酌情补料,一般每日补喂谷实类饲料 2 次。在主、副翼羽换羽完毕后,即进入产蛋期前的饲养管理。拔羽后最好将公、母鹅分开饲养,到母鹅产蛋期,再将公鹅与母鹅混群饲养,以便配种。

4. 种鹅的选择淘汰 鹅繁殖的季节性很强,有较长的休产期。要保持鹅群旺盛的生产能力,需要在每年休产期间选择和淘汰种鹅,同时按比例补充新的后备种鹅,重新组群。淘汰的种鹅做肉鹅肥育出售。母鹅产蛋量是随着年龄增长而变化的,产蛋高峰在 2～3 岁,4 岁产蛋量开始下降,但有少部分鹅产蛋高峰可保持到 4～5 岁。一般母鹅群的年龄结构为:1岁鹅占 30%,2 岁鹅 25%,3 岁鹅 20%,4 岁鹅 15%,5 岁以上的 10%,才能保证鹅群有较高的产蛋量,而且历年产蛋量也较为均衡。新组配的鹅群必须保持合理的公、母比例。

如果种鹅只利用 1 个产蛋年,应在产蛋接近尾声时,淘汰那些换羽的鹅,以及腿部等有伤残的个体。同时,及时淘汰停产早、产蛋性能不佳的母鹅。当然，也可将产蛋末期的种鹅全群淘汰。这种只利用 1 个产蛋年的制度，种蛋的受精率、孵化率较高，而且可充分利用鹅舍和劳动力，节约饲料，经济效益较高。

在育种场或条件较好的种鹅场，常结合产蛋性能进行合理淘汰。选择后备种鹅后，将留作种鹅的个体分别编号，记录开产期（日龄），开产体重，第一年的产蛋数，平均蛋重和就巢性，根据以上资料，将产蛋多、持续期长、蛋大、体型大、就巢性弱、适时开产的优秀个体留作种鹅，将产蛋少、就巢性强、体重轻、开产过早或过迟的种鹅淘汰掉。

三、种公鹅的饲养管理

种公鹅的营养水平和身体健康状况，公鹅的争斗、换羽，部分公鹅中存在的选择性配种习性，都会影响种蛋的受精率。应有针对性地加强种公鹅的饲养管理，提高种鹅的繁殖力。

（一）合理饲养　种公鹅要求骨骼紧凑，肌肉结实，精力充沛，性欲旺盛。需要进行精细饲养并结合充分的运动，补喂精料（配合饲料）。在配种前 2～3 周，每日补喂精料，增加运动，保持性欲旺盛，提高配种授精率。配种时，注意供给优质青绿饲料、蛋白质饲料、维生素和钙、磷等，保证公鹅具有充沛的精力配种。另外，在补饲精料时，不能使公鹅过分肥胖，以免影响配种的灵活性及精液品质。

（二）适时制羽和拔羽　与母鹅一样，由于生理原因，种公鹅一般在每年的 4 月份（南方）或 9 月份（北方）以后，配种能力逐步下降，生殖器官萎缩，睾丸体积显著减少，重量减轻，即进入休产期。这时，应考虑淘汰或实施强制换羽技术。公鹅的制羽和拔羽一般应比母鹅提前 10 天左右进行，但不能过早。否则,当母鹅进入产蛋末期时,公鹅已开始脱毛,从而影响其配种能力。拔羽后公鹅的补饲也应早于母鹅,一般在母鹅产蛋前 10～15 天对公鹅增喂精料,每次让鹅吃饱为止,以便让其身强体壮,有充沛的精力配种。必须待公鹅羽毛换齐后才能配种,这时公鹅才有旺盛的配种能力。

(三)克服择偶性 部分公鹅保留有较强的择偶性,这样将减少与其他母鹅配种的机会,从而影响种蛋的受精率。所以公、母鹅要提早进行组群。如果发现某只公鹅与某只母鹅或是某几只母鹅固定配种时,应将该公鹅隔离 1 个月左右,使其渐渐忘记与之配种的母鹅,而与其他母鹅交配,从而提高受精率。

(四)定期检查 公鹅群中有一些性功能缺陷的个体,主要表现为生殖器萎缩,阴茎短小,甚至阳痿,交配困难,精液品质差。究其原因,主要有三:一是遗传因素,个体先天性性机能缺陷;二是在配种过程中,部分个体会出现生殖器官的伤残和感染;三是在公鹅换羽时,会出现阴茎缩小,配种困难的情形。这些有性功能缺陷的公鹅,有些在外观上并不能分辨,甚至还表现得很凶悍。解决的办法通常是:①在产蛋前公、母鹅组群时,对选留的公鹅进行精液品质鉴定,并检查公鹅的阴茎,淘汰有缺陷的公鹅;②在鹅的生产过程中,定期对种公鹅的生殖器官和精液质量进行检查,保留高品质种公鹅,提高种蛋的受精率。

(五)保持良好环境 圈舍要冬暖夏凉,通风良好,光线充足,清洁干燥,环境安静,防热、防潮、防啄斗。每天清理鹅圈,定期消毒,预防疾病。

第八章　肉鹅常见疾病的防治

鹅的抗逆性较强,只要加强日常饲养管理工作,注意清洁卫生和消毒防疫工作,就可以基本防止疾病发生。如果不注意防疫工作,或饲养管理不当,就可能引发疾病,轻则影响鹅的健康,降低生产水平,增加饲料和药品的消耗,重则造成鹅的死亡等,经济损失惨重。因此,在养鹅工作中应把鹅病的防疫工作放在重要的位置,坚持预防为主,防重于治的方针,建立严格的卫生防疫制度,做好防疫灭病工作。

第一节　养鹅场综合防疫措施

一、加强鹅场管理,提高鹅群的健康水平

畜禽疾病的发生都是内在因素和外在因素共同作用的结果。内在因素就是鹅体对疾病的抵抗能力或免疫能力;外在因素就是不良的外界条件,如饲养技术不当,或管理不善,或卫生条件不好,病原体孳生等。要提高鹅群的健康水平,应做好以下几件工作。

(一)选择有利于防疫的场址　养鹅场的场址十分重要,首要条件要有利于卫生防疫。养鹅场场址通常应选择在有自然隔离条件的地方,与居民点、工业区、交通干道、畜牧场和屠宰场至少要有 200 米远的距离,严防被污染。同时,场地的地势要高燥,排水方便、水源充足、水质良好;交通要便利,电源能供上。场地的周围及空间应无有毒有害物质及空气污染,

确保安全生产。场内建筑物的布局要周密策划,生产区和生活区要分开,种鹅舍、育雏舍、育成舍要合理布局,而且要有相当距离,鹅舍之间净道与污道要分开,防止交叉污染。种植绿化草坪及树木以净化空气,防止污染。闲杂人员不得随意进出,以免传播疾病。养鹅场大门口应设有人用、车用的消毒池。

(二)加强饲养管理,提供合理配合饲料 鹅以食草为主,但光吃草不能满足鹅生长发育所需要的营养成分,必须加喂精饲料,特别是蛋白质饲料、矿物质饲料和维生素饲料。这些养分的满足方法,除青饲料外还要补充配合饲料,根据鹅生长发育的需要,在不同生长阶段补充不同的配合饲料。

在放牧时要注意青草的品质。被工厂废水污染的青草,生长在污水中的草,田边地头被农药污染的青草均不能让鹅采食。放牧时要选择没有被污染的地方,还应预先了解放牧环境和栖息地鹅病发生的情况,特别是要注意有无传染病的发生或流行。否则,后果是严重的。不吃霉变或被污染的饲料和青草,既能防止中毒病的发生,又有利于增强鹅的体质,有利于防病。

(三)建立严格的管理制度,保持鹅场清洁卫生 养鹅场应建立、完善各项管理制度,包括卫生管理制度、防疫检疫制度和消毒制度等,并有专门机构及专人进行管理、督促、实施。场内要经常保持清洁卫生,及时清理鹅粪、更换垫料、勤洗料槽和水槽,除去舍内外灰尘、杂物。场内废弃物应进行无害化处理,如病死鹅要深埋或焚烧、鹅粪应集中堆积发酵,并及时处理。鹅的水面运动场应保持活水、流水;实在没有条件做到活水、流水,应定期将污水泵出,并加进新鲜的活水。气温高时换水的次数应频繁些,切莫等水脏了、臭了才想起换水。

(四)做好鹅群的日常管理工作 应充分考虑不同鹅群对温度、湿度、光照、密度等条件的要求,并做相应的合理的安排。细心观察每群鹅的采食、交配、产蛋、排粪等情况,发现异常,应及时进行综合分析,及时诊治。鹅舍、运动场要每日清扫,定期消毒。垫草要勤换勤晒。料槽、水槽等用具要每日清洗,定期消毒。

二、做好消毒和隔离工作

消毒的目的是消灭环境中的病原微生物,预防传染病的发生或阻止传染病的蔓延。养鹅场的消毒,是鹅群饲养管理工作中一项十分重要的防病措施。

(一)消毒方法 鹅场常用的消毒方法是喷雾消毒法,即将消毒药品配制成一定浓度的溶液,用喷雾器对需要消毒的场地和用具进行喷洒消毒。此法简便易行,消毒液的浓度,按各种药物的说明书配制,一般可用农用喷雾器来喷洒消毒液。

消毒时要把鹅全部赶出舍外,先对消毒的场地和用具进行清扫与清洗。影响消毒药作用的因素很多,一般来说消毒药液的浓度、温度及作用时间等与消毒效果是成正比的,浓度越大,温度越高,作用时间越长,其消毒效果越好。有些消毒药品的保存时间和存放地点也与消毒效果有很大的关系,失效的消毒药品不可再使用。

(二)常用消毒药

1. 煤粉皂溶液 又称来苏儿。腐蚀性和毒性较低,有特殊臭味,对皮肤刺激性大。对一般病原菌有较强的杀灭作用,主要用于鹅舍、笼具和排泄物的消毒及工作人员进行洗手消毒。常用 3％～5％ 的水溶液喷洒和用于大门口的消毒池。洗手用 1％～2％ 的浓度,衣物浸泡用 3％ 的浓度,场地消毒常用 5％的浓度。

2. 漂白粉　又称氯化石灰。主要成分是次氯酸钙,有很强的氧化和氯化作用,能迅速杀灭病菌。本品应保存于密闭、干燥的容器中,放在阴凉通风处。料槽、饮水器消毒常用浓度为 3％漂白粉溶液;用作饮用水消毒时,每立方米水中加入本品 5～10 克即可;10％～20％的乳剂用于鹅舍、运动场和排泄物的消毒。

3. 新洁尔灭　市售产品含量为 5％或 10％,为无色透明有杏仁味的液体。其特点是毒性低,性质稳定,消毒对象范围广,对一般病菌都有强力的杀灭作用。同样性质和作用的消毒药还有洗必泰、消毒净、度米芬等。0.1％的水溶液用于浸泡鹅场内各类器械、玻璃、搪瓷、橡胶制品的消毒,也可用于皮肤消毒、种蛋外壳的浸泡消毒。

4. 百毒杀　本品为双季胺广谱消毒剂,无毒无色,无臭,无刺激性,消毒对象范围广,适用于鹅舍、环境、场地、种蛋、饮水消毒。3 000 倍稀释液用于鹅舍、场地、笼具、料槽、器具等消毒,20 000 倍稀释液用于饮水消毒。

5. 甲醛　市售产品福尔马林为含 38％～40％的甲醛溶液。为无色液体,有刺激性臭味。杀菌力强大,对芽胞、真菌和病毒也有杀灭作用。常用 5％～10％甲醛溶液喷洒。用本品 42 毫升加高锰酸钾 21 克混合,用作种蛋熏蒸消毒(每立方米空间的用量)。

6. 高锰酸钾　本品为紫色针状结晶,为强氧化剂,忌与甘油、糖、碘等合用。常用 0.2％溶液用于创伤、黏膜的消毒。与甲醛配合可作熏蒸消毒。本品不能久存,现用现配。

7. 酒精　酒精为无色有刺激性液体。75％酒精常用作鹅的外科手术局部皮肤消毒和工作人员手的擦拭消毒。

8. 碘酊　　碘酊为局部皮肤消毒药,取碘化钾 1.5 克,加蒸馏水 3 毫升,使其充分溶解,加入碘片 2 克,搅拌溶解后加入 95％酒精 73 毫升,摇匀,补加蒸馏水至 100 毫升,即成 2％碘酊溶液。避光保存。

(三)做好隔离工作　　在鹅传染病的流行季节,要做好整个鹅群的隔离保护工作,以防止疾病传入。主要办法是不放牧或不到疫区放牧,防止狗、猫、野生禽鸟等动物进入鹅场,人员进出鹅场要消毒,不到疫区购买饲料等。当鹅群发生传染病时,应首先将病鹅及疑似病鹅从鹅群中剔出,饲养到隔离舍内,再加以必要的治疗。被病鹅污染的鹅舍要进行彻底地消毒。病鹅所产的蛋不能留作食用。患传染病致死的鹅要及时深埋、焚烧。从外地引进新鹅时,应先进行疫情调查,到无传染病的地区引鹅,引入后隔离观察 2 周以上,确认鹅群健康无病,方可允许进入鹅场。

一旦发生疫情,应及时向当地兽医主管部门报告,及时采取封锁、隔离、消毒、紧急预防接种等措施,控制和封锁疫病的蔓延和流行。

三、做好免疫接种工作

免疫接种是用抗原、抗体或类毒素刺激动物机体产生特异性抵抗力,可使易感动物转化为不易感动物。正确进行免疫接种,是预防某些烈性传染病、保证鹅群健康的有效措施。

根据当地传染病流行的特点和本场鹅群的免疫状况,制定适合本场的免疫程序,选择合适的疫(菌)苗,适时进行免疫接种,对于预防鹅病的流行,有着十分重要的作用。否则,不会收到良好的免疫效果。这里列出常用的肉鹅及种鹅免疫程序,仅供参考(表 8-1,表 8-2)。有关各种传染病的免疫接种问题,将在各有关疫病的防治措施中阐述。

表 8-1　肉鹅的参考免疫程序

日　　龄	疫　苗	接种途径
1	小鹅瘟高免血清或高免蛋黄液	肌内注射
10～15	①小鹅瘟高免血清或高免蛋黄液 ②禽流感(H5 亚型)灭活疫苗	肌内注射 皮下或肌内注射
20～25	①鹅的鸭瘟弱毒疫苗 ②小鹅瘟弱毒疫苗	肌内注射 肌内注射或饮水
约 30 天	禽流感(H5 亚型)灭活疫苗	皮下或肌内注射

表 8-2　种鹅的参考免疫程序

龄　　期	疫　苗	接种途径
1	小鹅瘟高免血清或高免蛋黄液	肌内注射
10～15	①小鹅瘟高免血清或高免蛋黄液 ②禽流感(H5 亚型)灭活疫苗	肌内注射 皮下或肌内注射
20～30	①鹅的鸭瘟弱毒疫苗 ②小鹅瘟弱毒疫苗	肌内注射 肌内注射或饮水
开产前 1 个月	①小鹅瘟弱毒疫苗 ②鹅的鸭瘟弱毒疫苗 ③禽流感(H5 亚型)灭活疫苗	肌内注射 肌内注射 皮下或肌内注射
以后每隔半年	①小鹅瘟弱毒疫苗 ②鹅的鸭瘟弱毒疫苗 ③禽流感(H5 亚型)灭活疫苗	肌内注射 肌内注射 皮下或肌内注射

第二节　鹅主要疾病的防治

一、传染性疾病

（一）小鹅瘟　小鹅瘟是由小鹅瘟病毒引起的雏鹅急性或亚急性败血性传染病。主要感染 20 日龄以内的雏鹅，20 日龄以上的鹅很少发病。本病传染性很快，几天之内即可波及全群，死亡率高达 90% 以上。在我国 20 多个省、自治区、直辖市流行。

【病　原】　小鹅瘟病毒是一种细小病毒，大小为 22～25 纳米，研究证明只有 1 个血清型。该病毒对外界的抵抗力较强，在 -20℃ 下可存活 2 年以上，能抵抗 56℃ 的高温 3 小时。

【症　状】　本病潜伏期为 3～5 天。根据病程长短分最急性型、急性型和亚急性型。

最急性型病例见于出壳后 3～5 日龄发病的雏鹅，常无前期症状，突然发病，两脚倒地乱划，不久死亡。

急性型病例多见于 5～15 日龄的小鹅。主要表现精神委顿，羽绒松乱。虽能随群采食但不吞咽，含起青草又甩掉。半天后行动迟缓，缩颈呆立，打瞌睡，拒食，只饮水。排混有气泡的黄白色或淡黄绿色稀便，肛门突出。后期呼吸困难，鼻孔流出浆性分泌物，喙端色泽变暗。病程 1～2 天，临死前出现两腿瘫痪或全身抽搐，最后因心力衰竭而死亡。

亚急性型多见于 15 日龄以上的小鹅，病程稍长，部分由急性型转化而来。主要表现为精神委顿，拒食，消瘦，腹泻。本型病程较长的可能耐过，但在一段时间内生长不良。

【病理变化】　最急性型病例由于死亡快，除小肠黏膜稍肿胀,并有充血和出血等变化外,其他器官的病变一般不明显。急性型病例病变最为典型,表现全身皮下广泛性出血,尸体消瘦,眼窝下陷,口腔黏膜棕褐色,有黏液性分泌物,心肌晦暗无光泽,颜色较淡。肾脏稍肿大,呈暗红色。胰腺肿大,偶有灰白色小坏死点。肝脏淤血肿大,肝实质脆弱、呈紫红色或淡棕色。空肠、回肠有急性纤维素性渗出物,肠内容物稀薄,有血块。肛门附近有稀粪黏附,泄殖腔扩张。

【治　疗】　全群雏鹅肌内注射小鹅瘟高免蛋黄液,每只鹅 1 毫升,严重病鹅可隔日再注射 1 毫升;也可皮下注射抗小鹅瘟高免血清 0.5 毫升,隔日重复注射 1 次,有一定疗效,重症病例注射剂量可适当加大。对鹅舍及雏鹅运动场进行带鹅消毒。加强饲养管理,喂给青绿多汁饲料,饮水中加电解多种维生素。

【预　防】　小鹅瘟主要是种蛋被病毒感染和孵化室的污染而传播,所以在种蛋孵化前要进行浸渍消毒,孵化室也要进行彻底消毒。控制疫区种蛋的随意流动是防制小鹅瘟的重要一环。

种母鹅在产蛋前 15～30 天用小鹅瘟鸭胚弱毒疫苗进行预防接种,不仅能有效地防止种蛋感染病毒,还可让雏鹅获得母源抗体,产生被动免疫,抵抗小鹅瘟病毒的传染。

(二)鹅副粘病毒病　鹅副粘病毒病是近 5 年来新发现的传染病,又名鹅类新城疫,是由禽副粘病毒 I 型引起的一种禽鸟类共患传染病,发病率和死亡率较高,多发于雏鹅,尤其是 15 日龄以内的雏鹅。

【病　原】　本病的病原为禽副粘病毒 I 型。

【症　状】　潜伏期多为 3～5 天。病鹅精神委顿,少食或拒食,但饮水量增加,体重迅速减轻。两肢无力而常蹲在地上,行动无力,浮在水面时随水漂流。患病初期排灰白色稀粪,后呈水样,带暗红色、黄色、绿色或墨绿色。部分病鹅病后期表现扭颈、转圈和仰头等神经症状。病程一般为2～5天,不死的病鹅多于发病后6～7天开始好转,9～10天康复。

【病理变化】 主要表现为脾脏肿大,淤血,表面和切面上布满大小不一的灰白色坏死灶。肝脏肿大,淤血。十二指肠、回肠、盲肠、直肠及泄殖腔黏膜有散在性或弥漫性大小不一的纤维性结痂,呈淡黄色或灰白色,剥离后可见出血或溃疡。

【治 疗】 目前尚无特效药可控制本病的发生和流行。如果发病,可肌内注射鹅副粘病毒病油乳剂灭活苗,雏鹅0.3毫升/只,成年鹅0.5毫升/只;或者肌内注射鹅副粘病毒病卵黄抗体,雏鹅2毫升/只,成年鹅3毫升/只;也可雏鹅肌内注射5倍剂量的新城疫Ⅳ系苗,成年鹅肌内注射5倍剂量的新城疫Ⅰ系苗。

【预 防】 鹅群应进行鹅副粘病毒病油乳剂灭活苗预防接种,种鹅在雏鹅8～11日龄时进行首次接种,产蛋前2周进行第二次接种;商品鹅在雏鹅7～9日龄时进行免疫接种。

严格执行种鹅引入制度,不从疫区引进种鹅;对鹅场进行定期消毒。

(三)禽霍乱 禽霍乱又称禽巴氏杆菌病或禽出血性败血病(简称禽出败)。是由禽型多杀性巴氏杆菌引起的一种急性败血性传染病。本病的传播途径广泛,可通过污染的饮水、饲料和用具等经消化道或呼吸道以及损伤的皮肤黏膜等传染。本病流行于世界各地,无明显的季节性,一年四季均可发生,发病率和死亡率都很高,是危害养鹅业的一种传染病,严重影响养鹅业的发展。

【病 原】 本病的病原为禽型多杀性巴氏杆菌。这种菌对外界抵抗力不强,5%石灰水或1%漂白粉溶液都对其有良好的杀灭作用,阳光直射和干燥环境中菌体很快死亡,60℃10分钟即可杀死该菌。但在寒冷季节和在土壤中生存力较强,在病死禽体内可存活2～4个月,埋在土壤中可存活5个月之久。

【症　状】　潜伏期为3～5天。根据病程长短,分最急性型、急性型和慢性型3种类型。

最急性型:常见于发病初期,病鹅一般无前期症状,晚上采食正常,第二天即发现死亡;有的病鹅突然表现不安,倒地后仰,扑动双翅很快死亡,病程很短。

急性型:随着疫情的发展,发病中期陆续出现急性型病例。病鹅精神委顿,离群独处,闭目呆立,打瞌睡,不爱下水,食欲下降,饮水增加,体温升高到41.5℃～43℃,张口呼吸,由口鼻中流出黄色、灰色和绿色黏液,气喘,频频甩头,故又称为"摇头瘟"。排出绿色、灰白色或淡绿色恶臭稀便,一般在出现临床症状后2～3天死亡。

慢性型:多见于发病后期。病鹅出现持续性、出血性腹泻,消瘦,贫血。有些病鹅发生关节肿胀,跛行,切开肿胀部位有豆腐渣样渗出物。病鹅死亡率低,但对生长、增重、产蛋率有较大影响。

【病理变化】　最急性型的尸体可见眼结膜充血、紫绀。肝脏有不同程度的肿大、淤血,表面有很细微的黄白色坏死灶;心外膜和心冠有出血点。急性型病例全身出现败血症病变,浆膜、黏膜有出血点;心包积液,为淡黄色透明状液体,心包膜有点状出血,左右心室内膜、冠状沟有出血点;肝脏充血肿大、质脆,表面有针尖状出血点和灰白色坏死灶;气管及支气管黏膜充血、出血,肺脏有气肿和出血性病变;小肠黏膜有不同程度的炎性病变。慢性型病例的小肠和回肠有不同程度的卡他性炎症,小肠黏膜脱落,黏膜下层水肿,肠壁增厚;肝脏表面有少量灰白色坏死灶;脚关节炎性肿大,化脓,关节囊壁增厚,关节腔内有暗红色浑浊的黏稠液体,有的可见干酪样物质。

【治　疗】　及时将病鹅隔离饲养,彻底清除鹅舍的粪便和垃圾,用3%氢氧化钠溶液消毒,料槽、饮水器等用1:300的百毒杀消毒。鹅舍每天定时清扫粪便、消毒,保持舍内干燥、清洁。病鹅可以选用抗生素或磺胺类药物进行治疗。

(1)抗生素　肌内注射青霉素,成年鹅每只5万～8万单位,每日2～3次,连用3～5天;或肌内注射链霉素,成年鹅每只10万单位,每日1次,连用2～3天;土霉素,2克/千克饲料,拌匀饲喂。仔鹅的药量可酌情减少。

(2)磺胺类药物　肌内注射20%磺胺二甲基嘧啶钠,0.2毫升/千克体重,每日2次,连用4～5天;长效磺胺,内服,0.2～0.3克/千克体重,每日1次,连用5天。

未发病鹅在饲料中拌入强力霉素,200毫克/千克饲料,连用5天。饮水中加入恩诺沙星原粉200毫克/升,连用5天。同时,在饮水中加入电解多种维生素或0.1%的维生素C。

【预　防】　平时应加强饲养管理和清洁卫生,经常保持鹅舍干燥通风,防止气候的突然变化和饲料的骤然变化,减少不良因素的刺激。要有计划地做好鹅群的预防免疫工作。大群饲养可用1010禽霍乱弱菌苗进行饮水免疫,免疫期可达8个月,效果好,省时省力。也可用CV系禽霍乱弱菌冻干苗,用铝胶水100倍稀释,颈部皮下注射0.5毫升,2周后重复注射1次,7天后开始产生免疫力,免疫期3个月。

(四)鹅流行性感冒　鹅流行性感冒是禽流行性感冒病毒引起的一种急性败血性传染病,以呼吸困难,鼻腔流出大量分泌物为特征。带毒的野禽、鸽和鸭等是本病的重要传染源,带毒的候鸟可使本病呈世界性传播。3～10 日龄的雏鹅易感,严重时发病率和死亡率达 90％以上,一年四季均可发生。而且禽流感病毒可能感染人类,现在已引起全世界的普遍关注。

【病　　原】　本病的病原为禽流行性感冒病毒。

【症　　状】　本病以皮肤、皮下、肝、脾等内脏器官及黏膜严重充血、出血为特征。常突然发病,体温升高,食欲下降或废绝,仅饮水,排白色或带淡黄色水样稀便,羽毛蓬乱,身体蜷缩,精神沉郁,昏睡,反应迟钝。呈现神经症状,曲颈斜头、左右摇摆,雏鹅尤其明显;病鹅两腿发软,站立不稳,或伏地不起,有呼吸道症状。有的病鹅头颈部肿大,皮下水肿;眼睛潮红,四周羽毛粘着分泌物;眼结膜出血,重者瞎眼;鼻孔流血。病鹅病程长短不一,雏鹅一般为 2～4 天,青年鹅和成年鹅一般为 4～9 天。母鹅群在发病后 2～5 天内产蛋停止,未死的病鹅一般要在患病后 1～1.5 个月才能恢复产蛋。

【病理变化】　主要呈全身性急性败血症病变。病鹅皮肤毛孔充血、出血,皮下脂肪出血。鼻腔中有浆液性或黏液性分泌物。肺淤血,气管及支气管充血、出血,管腔中有半透明渗出物。多数病例心肌有灰白色坏死斑,心内膜及外膜有出血斑或大小不等的出血点;肝轻度肿大,淤血;胆囊肿大,充满胆汁。肾淤血。产蛋母鹅卵泡膜充血、出血、变形。输卵管浆膜和黏膜充血、出血,腔内有凝固蛋白。

【治　　疗】　本病目前尚无特效治疗方法,一旦发生高致病性禽流感时,为了防止疫情扩散和迅速扑灭疫情,应立即扑杀病鹅并进行无害化处理。

【预　防】　疫苗免疫能有效地控制大流行或暴发。应用灭活苗全面进行预防注射,可达到大幅度减少发病率和死亡率。现在广泛应用的 H_5,H_9 亚型油乳剂疫苗,可有效地起到预防效果。鹅禽流感在第一次免疫后 1 个月左右需进行第二次免疫,适当加大剂量,免疫效果良好。

(五)鹅口疮　又名鹅念珠菌病。是白色念珠菌引起的鹅上消化道的一种真菌病,特征是口腔、喉头和食管等部位的黏膜形成伪膜和溃疡。饲养管理条件不好,机体抵抗力较弱等因素,均可诱发本病。多数情况下,15 日龄以内的雏鹅易感染发病,且死亡率较高。本病除发生于鹅、鸡、鸭和火鸡等禽类外,哺乳动物和人也会感染发病。

【病　原】　本病的病原为白色念珠菌,革兰氏染色阳性,为兼性厌氧菌,广泛存在于自然界,健康家禽及人的口腔、上呼吸道及肠管中亦常有本菌存在。

【症　状】　病鹅精神沉郁,闭目呆立,不愿走动,羽毛蓬乱。呼吸困难,时而发出咕咕声,叫声嘶哑。口腔黏膜上有乳白色或淡黄色斑点,并逐渐融合成大片白色纤维状伪膜或干酪样伪膜,故称鹅口疮。病鹅吞咽困难,影响采食,生长不良。

【病理变化】　可见病死鹅形体消瘦,口腔、咽和食管有灰白色溃疡状的斑块,口腔黏膜上的病变呈黄色、豆腐样,食管膨大部黏膜增厚,表面有易剥离的坏死物,腺胃黏膜肿胀、出血,有渗出性的坏死物。

【治　疗】　立即将病鹅隔离治疗。大群治疗时,可在每千克饲料中加入制霉菌素 50～100 毫克,连用 2～3 周。个别治疗时,可剥离病鹅口腔上的伪膜,在溃疡部涂上碘甘油,食管中灌入 2 毫升 2％硼酸溶液消毒,并在饮水中加入 0.5％的硫酸铜。

【预　防】　本病与环境卫生条件不良有关。因此,预防的关键是注意改善环境卫生,尤其是在暑热天气里,饲料易霉变,一定要加强环境消毒,坚决不喂霉变饲料。加强饲养管理,保证鹅群良好的体况,增强抗病力。科学、合理地使用抗菌药物,避免过多、盲目地使用而影响消化道正常的细菌区系。种蛋入孵前,要熏蒸消毒或浸洗消毒。

（六）鹅的鸭瘟病　本病是由鸭瘟病毒引起的一种急性败血性传染病。以高热、流泪、泄殖腔溃烂、排淡绿色稀便、两脚发软为特征。发病和病愈后不久的鹅、鸭是本病的主要传染源,主要通过消化道传染,也可经交配、眼结膜及呼吸道传染。

【病　原】　本病的病原为鸭瘟病毒,属疱疹病毒。该病毒对外界的抵抗力较强,56℃ 10 分钟才能被灭活,在室温22℃ 1 个月后才能失去感染力。但对一般浓度的消毒剂较敏感,0.5％漂白粉溶液、5％生石灰水、2％氢氧化钠溶液都有很好的杀灭作用。

【症　状】　多呈慢性经过,潜伏期一般为 3～7 天。患病初期食欲稍差,随后出现精神沉郁,食欲废绝,两腿发软、行动困难,翅膀下垂,眼睑水肿、流泪、畏光,眼周围羽毛湿润。偶尔可见病鹅头部肿大,鼻中流出稀薄或黏稠的分泌物,呼吸困难。腹泻,排乳白色、黄白色或淡绿色稀便,个别便中带血。泄殖腔黏膜充血、水肿,继而溃烂,严重的外翻,周围羽毛沾污和结块。临死前病鹅口中流出淡黄色有臭味的浑浊液体。病鹅体温持续升高可达 42℃～44℃。病程较短,一般 2～7 天。多数死亡,少数可达 20 天,极少数病例可以耐过,但多表现为生长发育不良。

【病理变化】　病鹅头、颈、颌下、翅膀等处皮下和胸腔、腹腔的浆膜不同程度的炎性水肿,有黄色胶冻样物渗出。消化道黏膜充血、出血,口腔和食管黏膜上有灰黄色伪膜或小出血点,小肠黏膜有大小不一、数量不等的坏死点,泄殖腔黏膜覆盖假膜痂块。法氏囊黏膜水肿、小出血点,慢性病例可见溃疡、坏死等特征性病变。肝脏肿大、质脆,有出血或坏死点,胆囊肿大充盈,脾、胰肿大,心外膜出血,心包积液等。产蛋母鹅的卵泡充血、出血,整个卵泡变成暗红色。

【治　疗】　一旦发病,立即划定疫区范围,迅速对鹅群进行全面检疫,采取严格的隔离和消毒措施,场地用5%过氧乙酸溶液或2%次氯酸溶液消毒,以防病毒传播扩散,并立即注射疫苗。发病初期,可肌内注射鸭瘟高免血清0.5~1毫升/只,或鸭瘟卵黄抗体1.5~2毫升/只,并加注青霉素和链霉素各5万单位。病死鹅应深埋或焚烧。

【预　防】　本病目前还无有效药物治疗,主要是采取综合预防措施。

第一,严格检疫隔离制度。不从疫区引种,引进的种鹅至少隔离观察2周以上,确保无疫病后方可混群放养;防止健康鹅到疫区和野禽出没的区域放牧,避免接触感染。

第二,严格卫生消毒制度。对鹅舍、运动场等定期用2%氢氧化钠、10%石灰水或5%漂白粉液消毒,各种用具以百毒杀、消毒王等溶液浸泡消毒,饮水可用0.1%高锰酸钾液消毒。

第三,强化免疫。对受威胁的鹅群可用鸭瘟弱毒疫苗进行免疫接种,雏鹅20日龄首次免疫,肌内注射0.2毫升/只,5个月后再免疫接种1次;种鹅每年接种2次;产蛋鹅在停产期接种。一般1周内产生免疫力。2月龄以上的鹅肌内注射1次,免疫期可达1年。

(七)副伤寒(沙门氏菌病)　鹅副伤寒是由沙门氏菌属中

多种沙门氏菌引起的鹅的一种常见、多发性传染病。以腹泻、结膜炎和消瘦为主要特征。各种年龄段的鹅均可感染发病，但以 10～23 日龄的雏鹅最为易感，发病率和死亡率都很高，常使养殖者遭受重大损失。沙门氏菌广泛存在于鸟类、哺乳类和爬行类等动物体内和环境中，会引起多种动物的交互感染。

【病　原】　本病的病原为多种沙门氏菌，主要是鼠伤寒沙门氏菌及肠炎沙门氏菌。该菌的抵抗力很弱，60℃15 分钟即可被杀灭，但沙门氏菌产生的毒素能耐热，75℃经过 1 小时仍不能灭活，人食后会发生食物中毒。该菌在土壤中可存活 280 天，在池塘中也可存活 3 个月以上。

【症　状】　病鹅表现食欲废绝、饮水增加，嗜睡、呆钝、畏寒、垂头闭眼、两翅下垂、羽毛松乱、颤抖。腹泻，病初粪便呈稀粥样，后变为水样，肛门周围有粪便污染，变干后常阻塞肛门，导致排便困难。眼结膜发炎，流泪，眼睑水肿。从鼻腔流出黏液性分泌物。身体衰弱、腿软、不愿走动或行走迟缓，痉挛抽搐，突然倒地，头向后仰，或出现间歇性痉挛，持续数分钟后死亡。

【病理变化】　剖检可见肝肿大，呈古铜色，表面常有灰白色或灰黄色坏死灶。胆囊肿胀，充满黏稠的胆汁。脾脏肿大，色暗淡。心包或心肌有坏死结节。盲肠肿胀，内有干酪样团块。小肠后段和直肠肿胀。有的病死雏鹅气囊浑浊，常附有黄色纤维样团块。肾脏色淡，肾小管内有尿酸盐沉积，输尿管扩张，管内亦有尿酸盐。个别病例腿部关节炎性肿胀。

【治　疗】　鹅群暴发本病，应立即将病鹅隔离治疗。彻底清除舍内粪便、垫草，重新更换干燥的经消毒的垫草；用0.5%百毒杀消毒，料槽、饮水器及其他用具用 2%氢氧化钠溶液刷洗再用清水冲洗后使用。在鹅群病情较轻、食欲正常的情况下,可选下列药物混饲或混饮进行治疗及预防。

(1)土霉素 在饲料中按0.08%～0.1%的浓度添加,连喂5～7天;或以0.06%～0.26%的浓度添加到饮水中。

(2)环丙沙星或氟哌酸 以0.05%～0.1%的浓度添加到饮水中,连饮7～10天。

(3)磺胺二甲基嘧啶 添加2克/升饮水;或4～5克/千克饲料,拌匀,连喂3～5天。

(4)大蒜 将鲜大蒜洗净捣烂,制成20%大蒜汁内服,既可预防,也可用于治疗。

对病情较重、食欲降低或废绝的鹅群,可用上述药物进行肌内注射。

【预　防】 预防本病最主要的方法是保持种鹅群健康。慢性病鹅不留作种用,立即淘汰。孵化前坚持对种蛋和孵化器消毒。雏鹅与成年鹅要分开饲养,防止相互传染。做好饲料、饮水、用具的清洁卫生,定期消毒,发现病鹅,严格隔离,并做好清洁、消毒工作。

(八)曲霉菌病 这是由烟曲霉菌等引起的鹅及其他禽类的一种以呼吸系统感染为主的疾病。雏鹅较易感,多呈急性暴发。主要特征是呼吸道炎症,尤其是肺和气囊,故又称曲霉菌性肺炎。

【病　原】 本病病原主要是烟曲霉菌,黄曲霉菌等也有不同程度的致病力。曲霉菌及其孢子在自然界中分布很广,对生活条件要求较低,可以在各种基质上生长繁殖。菌体和孢子对外界的抵抗力都较强,煮沸5分钟才能被杀死。一般常用消毒药需要1～3小时才能杀死病原体。

【症　状】 病鹅呼吸次数增加,不时发出摩擦音,张口呼吸时颈部气囊明显胀大。当气囊破裂时,呼吸时会发出"嘎嘎"声,有时闭眼伸颈,张口喘气。体温升高,精神委顿,眼、鼻流液,食欲减少,饮水增加,逐渐消瘦。后期呼吸困难,腹泻,吞咽困难。病程一般在 1 周左右,不及时采取措施的情况下死亡率可达 50%。鹅的日龄越大,病程越长,死亡率越低。

【病理变化】 病鹅的肺和气囊发生炎症,有的病例鼻腔、喉部、气管及胸膜黏膜上有针尖至粟粒大小的灰白色或淡黄色的真菌结节,内容物呈干酪样。有时在肺、气囊或腹腔、气管上有肉眼可见的成团真菌斑。

【治 疗】 本病无特效治疗药物,制霉菌素有一定疗效。每只雏鹅按 1 万~2 万单位的制霉菌素拌入饲料喂食,每日 2 次,连喂 3~5 天。硫酸铜以 0.3%~0.5% 的浓度添加到饮水中,连饮 3~5 天。中药防治本病也有较好的效果。鱼腥草 125 克,蒲公英 62 克,筋骨草 32 克,桔梗 32 克,山海螺 32 克,煎汁代饮水,供 100 只鹅 1 天饮用,连续饮服 2 周。

【预 防】 不用发霉的垫料和饲料是预防本病的主要措施。垫料要经常翻晒,尤其是阴雨季节,以防止真菌的生长繁殖。设置合理的通风换气设备,育雏舍内外温差不能太大。

(九)螺旋体病 螺旋体病是多种禽类均可感染的一种急性败血性传染病,以精神沉郁、发热、厌食、贫血和腹泻为其特征。

【病 原】 本病的病原为鹅包氏螺旋体,也称鹅疏螺旋体。其形态呈螺旋状,末端尖细。螺旋体在蜱和鹅的血液中繁殖,蜱是本病的传播媒介,蚊子和禽螨也可传染本病。螺旋体对外界环境的抵抗力不强,在尸体中很快死亡,对一般常用消毒药及青霉素等都敏感。

【症 状】 潜伏期 5~7 天或更长。最急性病例无明显症状,突然发病死亡。急性病例体温升高达 42℃～43℃,精神沉郁,食欲减退或废绝,饮水增加,打瞌睡。重症病例腹泻,排淡绿色稀便,不愿活动,走路摇晃,消瘦,死前体温下降,全身麻痹。病程 4～6 天,慢者 8～15 天。如治疗不及时,死亡率高达 80%。

【病理变化】 病死鹅体躯消瘦。肝肿大,呈棕色脂肪变性,表面有小出血点和灰白色坏死灶。脾肿大,呈棕色或紫红色,皮质有出血点。肾肿大而苍白,输尿管内有尿酸盐沉积。小肠黏膜充血、出血。心肌脂肪变性,心包有浆液性、纤维性渗出液。肺充血、水肿。

【治　疗】 立即将病鹅隔离治疗。青霉素按 2 万～3 万单位/只,肌内注射,每日 2 次,连用 2～3 天;土霉素按 0.1～0.2 克/只拌入饲料喂食,或以 60～200 毫克/升饮水混饮,也可以按 25 毫克/千克体重肌内注射。卡那霉素、链霉素、四环素等对本病均有较好的疗效。

【预　防】 消灭蜱、螨,控制蚊子,保持鹅舍的洁净是防止本病的有效方法。可用 0.5%马拉硫磷水溶液或粉剂喷雾鹅舍和各种缝隙等环境,也可用 0.2%除虫菊酯煤油溶液喷洒,以杀灭蚊、螨、蜱和虱等吸血昆虫。用 1.25%乳剂或 4%粉剂喷洒鹅体,以驱除体外寄生虫。

二、寄生虫病

(一)球虫病　鹅球虫病主要是由艾美耳属及泰泽属球虫寄生于肾脏和肠道所引起的一种原虫性疾病。本病分布广泛,遍及全世界,能造成雏鹅的大量死亡。3 周龄至 3 月龄的雏鹅和中鹅易感染。

【病　原】 鹅球虫有 15 种(寄生于肠道的有 14 种,寄生于肾脏的 1 种),分别属于艾美耳属及泰泽属,其中发生最多、危害最大的是截形艾美耳球虫和鹅艾美耳球虫。前者寄生于肾小管上皮,后者寄生于肠道。

【症　状】　由于感染球虫种类的不同,病鹅的临床表现可分为肠型球虫病和肾型球虫病两类。鹅发病初期活动缓慢,精神委顿,食欲下降,羽毛蓬松,翅下垂,下水时羽毛极易被浸湿,喜蹲伏,个别出现神经症状。继而发生腹泻,粪便常带有血液或血块,污染肛门周围羽毛,数日后死亡。

【病理变化】　肠型球虫病,病变主要在小肠后段,肠管膨大,切开肠管可见大量血液或血块,肠黏膜充血、出血。肾球虫病病变主要在肾脏,肾脏肿大,表面有针尖大至谷粒大灰白色或灰黄色的病灶,肾小管被严重破坏,管内充满球虫卵囊。

【治　疗】　氨丙啉 150~200 毫克/千克饲料,拌入饲料喂食,连喂 7 天,用药期间,应停喂 B 族维生素;或氯苯胍 100 毫克/千克饲料,拌入饲料喂食,连喂 10 天。

【预　防】　成鹅和雏鹅应分开饲养,严格执行清洁消毒制度,每天清除鹅粪。鹅舍须干燥。添加富含维生素 A 的饲料。

(二)鹅裂口线虫病　亦称裂口胃虫病。是鹅裂口线虫寄生于鹅的肌胃角质膜上所引起的一种线虫病。主要特征为消化功能障碍,生长发育不良。

【病　原】　鹅裂口线虫是一种致病力很强的线虫,虫体细长、呈淡红色,雄虫长 10~17 毫米,雌虫长 12~24 毫米。虫卵呈椭圆形,淡灰色,壳厚,内含分裂的卵细胞。虫卵随粪便排出体外,数天内孵化为幼虫。鹅吞食含有感染性幼虫的青草后而感染。幼虫寄生于肌胃角质层下,引起寄生部位肌胃角质层下层糜烂。

【症　状】　雏鹅感染后,精神委顿,食欲减退或废绝,生长发育受阻,体重减轻,贫血,腹泻,消瘦,羽毛松乱、无光泽。严重病例可能死亡。大鹅感染后,可能不表现临床症状,但成为带虫者与本病的传播者。

【病理变化】　病死鹅表现急性肌胃炎,肌胃角质层易碎、坏死,多处发生脱落,除去坏死的角质层可见有溃疡及粉红色细小的虫体,虫体附近区域呈暗红色或棕黑色。

【治　疗】　左旋咪唑60毫克/千克体重,拌入饲料喂食;或噻嘧啶(抗虫灵)100毫克/千克体重,拌入饲料喂食。

【预　防】　保持好鹅舍的清洁卫生,定期消毒。大、小鹅分开饲养,以免带虫的大鹅感染小鹅。雏鹅在放牧第三周后,进行预防性驱虫,左旋咪唑25毫克/千克体重,拌入饲料喂食。

(三)鹅矛形剑带绦虫病　是由矛形剑带绦虫感染引起的一种鹅类常见寄生虫病。以消瘦、腹泻和神经症状为主要特征。

【病　原】　矛形剑带绦虫属于禽类寄生虫中的大型绦虫,长30～130毫米,节片从前向后逐渐变宽,每一成熟节片有一副雌、雄生殖器官。虫卵呈椭圆形。成虫寄生于小肠。

【症　状】　病鹅食欲减退,饮水增加。生长发育受阻。腹泻,初期排淡绿色稀便,后期排灰白色稀便。离群呆立,行走摇晃,并呈现有神经症状。雏鹅严重感染时,会引起死亡。

【病理变化】　肠黏膜发炎、充血,肠道内有大量白色、带状、分节的虫体。

【治　疗】　丙硫咪唑20毫克/千克体重,口服;或硫双二氯酚100～200毫克/千克体重,口服。间隔4天,再服1次。

【预　防】　鹅群定期驱虫,成鹅每年春、秋两季各驱虫1

次。及时清理粪便,水草要清洗后饲喂。

(四)棘口吸虫病　是棘口科吸虫引起的一种人、畜、禽共患的常见寄生虫病,以出血性肠炎为主要特征。

【病　原】　感染鹅的棘口吸虫主要有卷棘口吸虫、宫川棘口吸虫和锥形低颈吸虫等,成虫寄生于小肠、盲肠和直肠。卷棘口吸虫呈淡红色,长叶状,体表有小刺,体长7.6～22毫米,宽1.2～1.6毫米。虫卵椭圆形,淡黄色,前端有卵盖。

患鹅和带虫鹅是主要传染源,主要经消化道感染。该虫的生活史中,需要两个中间宿主,第一中间宿主为小土蜗和褶叠萝卜螺,第二中间宿主为螺蛳和蝌蚪。鹅只采食含有囊蚴的螺蛳或蝌蚪而感染。

【症　状】　病鹅表现食欲下降,腹泻,贫血,生长受阻,消瘦,严重感染者可引起死亡。

【病理变化】　病死鹅表现出血性肠炎,直肠和盲肠黏膜上附着许多虫体。

【治　疗】　病鹅立即隔离,进行药物驱虫。丙硫咪唑25～30毫克/千克体重,1次投服;或硫双二氯酚30～50毫克/千克体重,1次投服;或中药槟榔0.5～0.75克/千克体重,加水煎服。

【预　防】　鹅群不进入流行区放牧。定期驱虫,驱出的虫体及排出的粪便,要进行堆积发酵处理。加强饲养管理,搞好鹅舍的清洁卫生,不要生喂田螺、浮萍或水草。

(五)鹅虱病　是多种羽虱寄生于鹅的头部和体部所引起的一种体外寄生虫病。

【病　原】　鹅羽虱的种类较多,主要有鹅巨毛虱、颊白羽虱和鹅羽虱3种。鹅巨毛虱寄生在鹅体上,颊白羽虱寄生在外耳道、颈部和羽翼下的绒毛上,鹅羽虱寄生在鹅的翅部羽毛上。直接接触传染,冬季较严重。

【症　状】　鹅羽虱寄生于羽毛或绒毛上,以羽毛和皮屑为食,引起禽体发痒,影响鹅的睡眠和休息,患鹅食欲下降,消瘦,产蛋减少。鹅啄痒可造成羽毛断折。颊白羽虱往往充塞外耳道,引起发炎。

【治　疗】　可在夜间用0.5%敌百虫粉剂喷撒鹅体羽毛中;或用0.03%除虫菊酯对鹅体洗澡;或烟草1份,加水20份,煮1小时,放凉后,在晴朗温暖时涂擦鹅身。

用0.2%敌敌畏合剂或0.05%双甲咪对圈舍场地、用具全面喷洒灭虱。

【预　防】　新引进种鹅经检查有鹅虱时必须隔离治愈后方可混群。鹅舍要经常清扫,勤换垫草。定期用药液对鹅舍进行喷洒灭虱。

三、普通病

(一)中暑　又称日射病或热射病。是水禽在夏天炎热季节常发的一种疾病。夏季天气酷热,湿度大,鹅群长时间放牧于烈日之下,容易发生日射病;鹅舍闷热潮湿,通风不良,鹅群过度拥挤,易发生热射病。

【症　状】　日射病鹅以神经症状为主,病鹅烦躁不安,痉挛,体温升高,黏膜潮红,昏迷,直至死亡。热射病鹅出现呼吸急促,仰颈喘气,体温升高,口渴,战栗,翅膀张开下垂,昏迷倒地,甚至死亡。

【病理变化】　日射病鹅剖检可见大脑和脑膜充血、出血和水肿。热射病鹅剖检可见大脑和脑膜充血、出血,全身静脉充满暗红色血液,血液凝固不良。

【治　疗】　鹅群发生中暑时,应立即赶下水塘降温,或转移到阴凉处,泼洒冷水降温。一般不需药物治疗,严重的可针刺趾静脉放血数滴,俗称"挑痧",喂服藿香正气水 3～4 滴。

【预　防】　夏天放牧要做到早出晚归,走阴凉牧道,中午在树阴或晾棚下休息,避免中午放牧。鹅舍要注意通风,鹅群密度不宜过大,运动场内要有树阴或搭盖晾棚,保证有清凉洁净的饮水。

（二）有机磷中毒　鹅因误食了施过有机磷农药不久的蔬菜、青草或饮用被农药污染的水而发生中毒。有机磷农药种类很多,如敌百虫、敌敌畏、马拉松、乐果等。

【症　状】　病鹅突然停食,精神不安,运动失调,瞳孔明显缩小,流泪,大量流涎,频频摇头和做吞咽动作,腹泻,呼吸困难,黏膜紫绀,体温下降,爪、肢麻痹,最后抽搐、昏迷死亡。

【治　疗】　肌内注射解磷定,成年鹅每只 45 毫克左右;皮下注射硫酸阿托品,成鹅每次每只注射 0.5 毫克,过 20 分钟后再注射 1 次,以后每半小时口服阿托品 1 片(0.3 毫克),连服 2～3 次,并给以饮水。青年鹅 0.5～1 千克体重,口服阿托品 1 片(0.3 毫克),20 分钟后再服 1 片,以后每隔半小时服半片,连用 2～3 次。

【预　防】　严禁用含有有机磷农药的饲料和饮水喂鹅;不到喷洒过农药并在有效期内的草地、农田、菜地、沟塘放牧、饮水。

（三）软脚病　饲料中缺乏钙、磷及维生素 D,或钙、磷比例失调所致。长期喂单一饲料或腐败饲料的雏鹅易发。多发于秋、冬季或潮湿的环境中。

【症　状】　病鹅脚软无力,支持不住身体,常伏卧地上。骨质疏松,生长缓慢。

【治　疗】　喂鱼肝油和钙片即可。鱼肝油每天 2 次,每只每次2~4滴。用维生素D,每只内服1.5万单位;或肌内注射4万单位,效果也较好。

【预　防】　合理配制日粮的钙、磷含量及比例,添加维生素D。在舍饲条件下,冬季让鹅多晒太阳。

(四)填饲引起的疾病　填饲是采取人工强制手段饲喂,机械操作不当会损伤消化道,随着脂肪迅速积存和肥肝形成,抵抗力下降,各种疾病也易发生。

1. 嘴角溃疡　由于填饲管道粗或填饲动作粗暴,造成嘴角破损,感染细菌而引起炎症。多见于小型鹅,夏季多发。小型鹅只能用细的填饲管,填饲动作要轻,防止擦破嘴角。填料中加入禽用多种维生素。已发炎溃烂的可在嘴角处搽消炎软膏。

2. 咽喉炎　填饲不慎,将填饲管强行插入造成机械损伤,引起咽喉黏膜及深层组织的炎症。轻度炎症可内服土霉素,每只每次0.125克,每天2次。局部搽磺胺软膏。损伤严重者及时淘汰。

3. 食管炎　因食管黏膜受摩擦,造成局部损伤所引起的炎症。如食管上端炎症,填饲管通过炎症部位时,感到有阻力。若在食管下端有炎症,则饲料通过食管膨大部时,有些阻力,鹅有痛苦感。可用土霉素,每只每次0.125克,每天2次,连喂数天。炎症初发时,适当减少填饲量和填饲次数。

4. 食管破裂　由于填饲管插入动作粗暴或管口破损,造成食管破裂,填饲玉米大量漏入颈皮下,抽出导管时管壁沾有血液,填鹅颈部肿胀。发现本病趁早宰杀。

5. 消化不良和积食　消化不良是因消化功能紊乱,引起腹泻和排出大量未消化玉米为主的疾病。积食是由于填饲玉米突然增多,使整个食管及膨大部平滑肌松弛,造成大量玉米滞留在食管和食管膨大部甚至于腺胃中的疾患。

在预饲阶段让鹅习惯于摄食整粒玉米和大量青绿饲料，使整个食管柔软而富有弹性；同时要供给粗沙，让鹅自由采食，在肌胃中有足够贮存以帮助消化。填饲量由少到多，每次填饲前，触摸食管膨大部，对消化好的鹅增加填饲量，对消化不良、食管积食的鹅，用手将积滞的玉米轻轻捏松，并往下捋，然后视情况少喂或停填 1 次。也可喂些助消化药物，如大蒜头 1 瓣、多酶片 1 片。如连续 3 次未填，积食未消的，则及时屠宰。

6. 跛行与骨折　填饲后期，填鹅体重增加 80％左右，部分填鹅往往支撑不住体重而跛行，是正常现象。因操作粗暴造成腿部受伤的跛行则应及时护理。捉鹅时要轻捉轻放，以免造成翅膀和腿部骨折。骨折的鹅，如基本肥育成熟，应及时屠宰。

7. 气管异物　因填饲操作不当，使玉米粒误入气管。填饲结束，鹅拼命摇头企图甩出气管中玉米，却未甩出，会引起呼吸促迫以至窒息而死。插入填饲管前，先将遗留在管中容易摔落的玉米去掉，不能填得过于接近咽喉。拔出填饲管时动作轻快，脚绝不能再碰启动开关、防止玉米粒跌入气管。发现鹅气管有异物时，应立即倒提填鹅，用手摸捏气管，如玉米嵌在气管接近咽喉处，马上用手挤出。

第九章　肉用鹅场的建设

鹅场是肉鹅集中饲养和进行相关生产的场所。因此,鹅场的建设是实现肉鹅高效养殖的一个非常重要的环节。下面将从场址选择、规划布局、鹅舍设计等几个主要方面介绍如何建设一个较好的鹅场。

第一节　场址的选择

鹅场场址的选择,不仅要考虑到鹅场性质、自然条件和社会条件等因素,还要考虑到鹅场未来发展的需要。

一、地理位置

鹅场地理位置要符合鹅的生活习性、便于生产管理和卫生防疫。因此,在确定鹅场的位置时一般要遵循以下几个基本原则。

(一)**环境清静**　鹅的警惕性较高,胆子较小,汽车的轰鸣声、嘈杂声等都会引起鹅群的惊扰和应激,影响鹅的生长发育。因此,鹅场周围的自然环境应相对清静,与城镇、工厂、交通要道等要有一定的距离。

(二)**交通便利**　肉鹅养殖需要运进饲料、运出成鹅,便利的交通可以降低成本、减轻劳力负担,所以鹅场应建在交通较为便利的地方。一般要求鹅场距离主要公路不少于 500 米,鹅场与公路之间应有专用道路。

(三)**草源丰富**　鹅是草食家禽,且喜放牧,所以鹅场周围应有丰富的草源,例如鹅场附近有可以用来放牧或种植牧草的荒地、农田、河滩、果园等。这样,一方面可以直接在鹅场周边放牧鹅群,另一方面可以播种牧草以提供一定量的饲草,这样可以大大减少精料的饲喂量、降低饲养成本。因此,在考虑鹅场选址的时候,一定要同时考虑周边是否留有足够的牧草地,或者鹅场对外收购牧草是否方便。

(四)排污方便 肉鹅是水禽,大量的粪便排在水上运动场,会产生大量的污水。因此,鹅场周围应与农田相连,这样可以将鹅场排污与农田灌溉结合起来。鹅场应尽可能建在河边或湖边,而且河水或湖水应当是活水,即是流动的水,至少也应当是离河边或湖边比较近,可以从中引水过来,以便给鹅场的人工水面运动场及时换水。这里应该注意的是,鹅场的污水不能影响下游的城镇居民生活用水。同时,鹅场本身也不能被城镇居民的生活污水或工矿企业的生产污水所污染。

(五)供电充足 鹅场的日常生产、管理和生活都需要电,特别是自动化程度较高的大型鹅场及孵化房,无论是照明、孵化、采暖、降温、加工,还是供水、通风、消毒和清粪等工作,时刻都需要用电。因此,在选择场址时必须考虑供电条件,要有可靠、稳定和充足的电源,最好是双路供电。电力供应不足或经常停电的地区还必须有自备的发电设备以保证电力的正常供应。

二、地势地形

鹅场的场址选择在地势地形上总的要求是:地势高燥,地形开阔,土质优良。

(一)地势高燥 鹅场的理想地势应该是场地高燥、排水排污良好、利于通风、向阳背风。

鹅场应当地势高燥,至少比周围地势要略高一些,但地势也不宜过高。地势过低,容易造成环境潮湿,引起大量病原微生物和寄生虫的孳生,甚至还会造成鹅舍和运动场内积水,容易引起鹅病的发生且不利于卫生防疫。地势过高,容易受到冬季寒风的侵袭,不利于鹅舍的保温。

鹅场应当有一定的坡度,便于雨水、粪便和污水的排除,但坡度不宜太大。可以选择南向或东南向坡地,这样既可以保证场地排水、排污良好,直接光照,阳光充足,还可以使鹅舍冬暖夏凉,冬季可以避免寒风侵袭,夏季可以自然通风。

(二)地形开阔 鹅场的地形要开阔平坦,场地不要过于狭长。过于狭长,建筑物布局势必拉长,难以合理布局,同时也使场区的卫生防疫和生产管理不便。建筑区的地形要平坦,坡度不宜太大。另外,要避免在风口、谷地或沟地建场。

(三)土质优良 作为鹅场的土质应以渗水力强的优良沙壤土为好,这种土不积水,下雨过后即可在短时间内将雨水排走,不致积水。

三、水源水质

肉鹅是水禽,生活、配种等都离不开水,在生产过程中也需要大量的水,在选择鹅场场址时应充分考虑水源和水质等问题。

(一)水源充足 鹅是水禽,喜欢嬉水,而且必须在水上完成配种,所以鹅场的水源要充足,宜建在河边或湖边等水面开阔处。在鹅舍前还要建造水上运动场,便于鹅群沐浴、嬉水和配种。在地下水丰富的地区也可考虑利用地下水源。

(二)水质良好 无论是饮用水还是生活用水,一定要保证清洁无污染,水质良好,达到相应的卫生标准。要详细调查水源周围的环境卫生条件,在水源的上游或附近无排放污水的污染源(例如化工厂、屠宰场等),而且水源必须便于防护,以保证水质不会受到污染。每年要定期监测水源水质,定期清洗供水系统,长期保持水质良好。同时,也应考虑鹅场不对下游的城镇居民区产生污染。

第二节　鹅场的分区与布局

一、鹅场的分区

为了便于生产管理、确保防疫效果,应根据鹅场各部分的职能分工不同进行分区管理。不同规模的鹅场,其功能分区也不一样。对于大规模鹅场,分区要细,一般可以分为职工生活区、行政管理区、生产管理区、核心生产区和粪污处理区等5部分。而小型鹅场,分成生活区和生产区2个部分就可以了。

(一)职工生活区　主要包括宿舍、食堂以及文化娱乐等其他生活服务设施和场所。

(二)行政管理区　主要包括办公室、会议室、资料室、财务室和门卫室等。

(三)生产管理区　主要包括各种库房(饲料库、饲料加工车间、产品库、车库及其他材料库),水电供应区(配电室、水塔、锅炉房),机修车间,兽医室和相应的辅助设施(消毒、更衣室等)。

(四)核心生产区　主要包括各类鹅舍(育雏舍、肥育舍、种鹅舍),孵化区(蛋库、孵化室)和相应的辅助设施(消毒、更衣室等)。生产鹅肥肝的鹅场,还应有填饲车间、屠宰车间和冷库。

(五)**粪污处理区** 主要包括粪污处理池、病鹅隔离舍和死鹅处理设施等。

二、鹅场的布局

鹅场建筑物的布局,直接关系到鹅场的生产组织、卫生防疫、场区环境。因此,在确定鹅场建筑物的布局时一定要慎重考虑、周密安排。

(一)**合理利用地形地势和主导风向** 在进行鹅场的规划布局时,应合理利用地形地势和主导风向,兼顾人、鹅健康和卫生防疫。在具体规划时,可以按照地势高低和主导风向将鹅场内的各种建筑物进行合理安排。职工生活区一般在地势较高和主导风向上风的地段,然后依次是行政管理区、生产管理区、核心生产区和粪污处理区。如果地势和风向不一致,则地势服从风向、以风向为主,由于地势原因造成的矛盾,可通过挖隔离沟、设置隔离墙等措施来解决。

(二)**充分考虑生产环节和工艺流程** 在进行鹅场的规划布局时,要根据生产环节和工艺流程确定鹅场内各建筑物之间的最佳生产联系。生产管理区中的饲料加工车间和饲料库应位于行政管理区和核心生产区(鹅舍)之间,特别是要尽可能靠近耗料最多的鹅舍,便于饲料的供给。

(三)**有利于严格遵守卫生防疫和安全制度** 鹅场内的各个功能区之间应用围墙隔开,设置绿化带,特别是在核心生产区周围一定要有围墙,入口处必须设置消毒池和消毒间,加强卫生防疫工作。场内道路应分清洁道和非清洁道,两者互不交叉,清洁道主要用于运输活鹅、饲料,非清洁道用于运输粪便和病、死鹅。粪污处理区应尽可能与生产区隔绝,设置单独的道路与出入口。

第三节 鹅舍的建筑要求与设计

一、鹅舍的建筑要求

鹅舍建筑的总体要求是冬暖夏凉,阳光充足,空气流通,干燥防潮,经济耐用。

(一)冬暖夏凉 鹅舍的方向应坐北朝南或朝向东南,这样冬季阳光斜射,可以充分利用太阳辐射的温热效应和射入舍内的阳光,还能防止寒风侵袭,有利于鹅舍的保温取暖;夏季阳光直射,太阳高度角大,阳光直射舍内很少,有利于防暑降温。在鹅舍的结构上,北墙要厚实,防止西北风穿透,屋顶还要加一个保温隔热层,保证冬季舍内温度。

(二)通风良好 鹅舍内的通风效果,与气流的均匀性和通风的大小有关,但主要看进入鹅舍内的主导风向的角度。当鹅舍朝向与主导风向呈 30°～40°夹角时,不但可以获得较好的通风效果,而且可以保持舍内冬暖夏凉、防止冷风穿透和加强排污效果。另外,还可以通过门窗的设置、安装排风扇来加强舍内通风。

(三)干燥防潮 鹅虽然是水禽,但最忌舍内潮湿,所以鹅舍应建在地势高燥处,一方面可保持舍内地面干燥,另一方面可使鹅舍周围排水畅通防止鹅舍地面潮湿。另外,鹅舍地面应有一定厚度的沙质土。

(四)经济耐用 鹅舍的结构要求十分简单,建筑材料应就地取材,既可建成砖墙瓦顶结构也可建成泥墙草顶结构,只要能防寒保暖即可。

二、鹅舍的设计

根据生产目的和鹅的种类,鹅舍可以分为育雏舍、肥育舍和种鹅舍。不同的鹅舍,建筑要求和设计也不相同。

(一)育雏舍 总体要求是防寒保暖,地面干燥,通风良好,地势平坦。

第一,育雏舍的保温性能要好,墙体要厚实,屋顶要加保温隔热层,冬季不仅要防止西北风侵袭,还要在舍内放置供温设备(例如煤炉)或安装地火龙来增加舍内温度。

第二,育雏舍内地面可用砖地面或水泥地面,也可以用沙土铺平压实或用黏土铺平夯实,舍内地面应比舍外地面高25～30厘米。

第三,育雏舍要保持良好的通风和光照,舍内分隔成几个圈栏,每一圈栏面积为10～12平方米,容纳的雏鹅在100只左右,不宜太多。舍内窗户面积与舍内地面面积之比为1:10～15,窗户下沿与地面的距离为1～1.2米,鹅舍屋檐高1.8～2米,便于通风和采光。

第四,舍前应设运动场和水浴池,运动场应平坦并缓缓向水面倾斜,便于雏鹅活动和排水;运动场宽度为3.5～6米,长度与育雏舍长度一样。水浴池不宜太深,且应有一定的坡度,便于雏鹅浴水时站立休息。

(二)肥育舍 总体要求是就地取材,因陋就简,挡风避雨,能避兽害。

第一,肥育舍要就地取材,甚至不用专门建造,可以利用闲置的普通房屋,也可以搭建简易的棚舍,能挡风避雨、预防兽害即可。

第二,棚舍为敞棚单坡式,宽度为5米,长度可根据所养鹅群大小而定。前高后低，朝向东南，后檐高约 0.5 米，后檐墙可用砖或土坯砌成，防止北风侵袭。前檐高约 1.8 米，应有 0.5 米高的砖墙，每隔 4 米留 1 个宽 1.2 米的出口，便于鹅群进出。屋顶可用石棉瓦、水泥瓦或草建造。鹅舍两侧可砌至屋顶，也可仅砌成与后檐一样高的砖墙。舍内地面应平坦干燥，舍前应有陆上运动场，且与水面相连，便于鹅群入舍休息前活动及嬉水。

第三，舍内可设单列式或双列式棚架，用竹片围成栅栏，围栏高 0.6～0.8 米，竹片间距为 5～6 厘米，以利于鹅伸出头来采食和饮水。围栏外两侧分别设置料槽和饮水槽。料槽高 20～25 厘米，上宽 25～30 厘米，底宽 20～25 厘米；饮水槽高 12～15 厘米，宽 20～25 厘米。双列式围栏应在两列间留出通道，料槽则在通道两边。围栏内应隔成小栏，每栏 10～15 平方米，可容肥育鹅 70～90 只，以不过度拥挤为宜。围栏圈底可用竹片架高，离地面 60～70 厘米。棚底竹片之间有 3 厘米宽的空隙，便于漏粪。每天打扫 1 次粪便，保持舍内清洁卫生。也可不用棚架，鹅群直接养在地面，但需常更换垫草，并保持舍内干燥。

第四，为了防止兽害，可将肥育舍周围用栅栏围起来。舍内光线保持暗淡，减少肥育鹅的活动，加快肥育速度。

(三)种鹅舍 总体要求是地面干燥，冬暖夏凉，便于生产（图 8-1）。

第一，舍檐高度 1.8～2.5 米，南面为窗户，窗户面积与舍内地面面积之比为 1∶10～12，气候温和的地区南面可以无墙、完全敞开。舍内地面可用水泥沙浆抹平，也可以用黏土铺平夯实，地面应比舍外高 15～20 厘米，以保证舍内干燥。每平方米可容纳中、小型鹅 3～4 只，大型鹅 2 只。

第二，舍内一角用围栏隔1个产蛋间，地面铺上柔软的垫草。

第三，舍外设置陆上运动场和水上运动场，陆上运动场宽度与鹅舍宽度相等，长度为鹅舍长度的1.5～2倍。水上运动场的长度为陆上运动场的3～4倍。陆上运动场可采用水泥地面，并逐渐向水面方向倾斜，便于排水。陆上运动场应连接水上运动场，陆上运动场及水上运动场周围应设置尼龙网围栏，围栏高1～1.2米。

第四，运动场周围应种植树木，防止鹅群受酷暑的侵扰，或在陆上运动场与水上运动场交界处搭建凉棚，供种鹅雨天活动、采食饮水和炎热夏季乘凉。

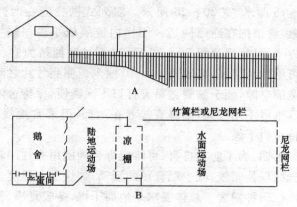

图 8-1　种鹅舍侧面及平面示意图

A. 侧面图　B. 平面图

主要参考文献

王继文主编．养鹅关键技术．成都：四川科学技术出版社,2002

曾凡同主编．养鹅全书(第 2 版)．成都：四川科学技术出版社,1999

李祥源主编．鹅的饲养与综合利用．北京：中国水利水电出版社,2000

杨茂成编著．肉鹅快养 60 天．北京：中国农业出版社,1999

周桃鸿．鹅的高效养殖．长沙：湖南科学技术出版社,2000

浩瀚,吴学扬主编．科学养鸭、鹅掌中宝．赤峰：内蒙古科学技术出版社,2001

肖智远,林　敏编著．养鹅 11 招．广州：广东科技出版社,2002

朱维正主编．高效养鹅及鹅病防治．北京：金盾出版社,2002

沈军达主编．种草养鹅与鹅肥肝生产．北京：金盾出版社,2004

李　昂编著．实用养鹅技术．北京：中国农业出版社,2003

徐银学,谢　庄编著．肉用鹅饲养法．北京：中国农业出版社,1997

金盾版图书，科学实用，
通俗易懂，物美价廉，欢迎选购